골목기록가와
함께 기록한
마을, 추억, 그리고...

도시재생융합연구팀

연구 수행팀	숭실대학교 도시재생융합연구팀
연구 책임자	유해연
연구 보조원	양지원, 현선용, 윤주능, 김규현, 길민석, 방윤환, 김지혜
골목 기록가	강혜영, 김승연, 김억부, 김화인, 변혜정, 전선이
소중한 도움	이영범(경기대학교 교수, 건축공간연구원 원장)
	김희정(인하대학교 초빙교수, 한국교육개발원 연구원)
	이상학((주)그룹씰 대표)
	김지욱(경기대학교 초빙교수, 소정당 소장)
	하영진(더레드 대표)
	최종석(웹소드 대표)
따뜻한 격려	류창수(이화여자대학교 교수, 천연충현현장지원센터 총괄자문)
	유아람(금오공과대학교 교수)
	김지훈(서울시도시재생지원센터 팀장)
	이명훈(서울시도시재생지원센터 팀장)
연계 사업	서울특별시 도시재생지원센터
	서울특별시 양천구 도시재생과
	서울특별시 양천구 신월3동 도시재생 현장지원센터
연구 지원	한국연구재단

이 책에 소개된 사례의 내용은 최대한 원문으로 표기하였다.
제보자가 동의하지 않거나 개인정보 보호가 필요한 경우 구체적인 이름은 생략하였다.
구술자료는 인용문으로 처리하고, 이해를 돕기 위해 약간의 가공을 했다.

저는 신월3동을 찾을 때면,
현장지원센터의 옥상에 올라 마을을 바라봤습니다.
얼기설기 엉켜있어 무질서하고 위태로워 보이는 전기줄 사이로
이상하리만큼 질서정연하고, 유사한 형태의 집들이 줄지어 서있었습니다.
골목에서 올려다보는 전기줄 틈 사이 하늘과
옥상에서 내려다보는 전기줄 틈 사이 골목은
닮은 듯 아니 다를까 생각한 적이 많습니다.

어릴 때 뛰어놀며 숨바꼭질 하던 전봇대도,
참새가 몇 마리 앉아있나 세어보던 전기줄도,
오징어게임과 팔방을 하던 골목길도,
이제는 모두 잊혀져가는 추억으로 남는게
못내 아쉬운가 봅니다.

같은 골목을 걷고, 같은 공간을 경험해도
누가, 어떤 생각으로, 어떤 연유로 걸어갔는가에 따라
그 장소에 대한 기억은 매우 다릅니다.

신삼마을은 얼핏 보기엔 닮은 꼴의 다세대 주택들이
격자형 필지에 좁은 골목길을 마주보며
아무런 변화없이 열을 지어 앉아있어 보이겠지만,
차분히 걸으며, 어여삐 살펴보다 보면,
한집 한집 같은 표정이 없고, 어느하나 같은 얼굴(입면)도 없습니다.
50년 동안 시간의 흐름 속에
누가 살았는지, 또 누가 스쳐 지나갔는지 다 알 순 없지만,
우리마을은 삶의 흔적을 품고
그렇게 변해갔기 때문입니다.

한국의 저층주거지와 이를 잇는 골목길은
우리만의 문화적 정체성과 지역고유의 가치를 품고 있습니다.
주거환경개선과 쾌적한 삶을 위해 오롯이 원형을 유지할 수 없더라도
도심 내 대안공간으로서의 서층주서시의 중요성을 깨딛고
올바른 방향으로 재생할 수 있도록 노력하는 것이
우리가 다음 세대를 위해 할 수 있는
최선이 아닐까 생각해 봅니다.

작은 부분 하나도 손해보고 싶지 않은 세상
누구도 믿기 힘들다고 CCTV를 여기저기 설치하는 세상 속

마을주민을 위해 앞마당을 내어주고,
골목에서 키운 상추를 아낌없이 나눠주는 분들이 있어 행복했습니다.
옆집에 어떤 친구가 놀러왔는지,
오늘 저녁은 무슨 반찬인지,
아저씨 퇴근이 좀 늦었는데 어떤 연유인지,
때로는 불편할 수 있는 이웃의 삶이 정겹고 그리워지는 겨울입니다.

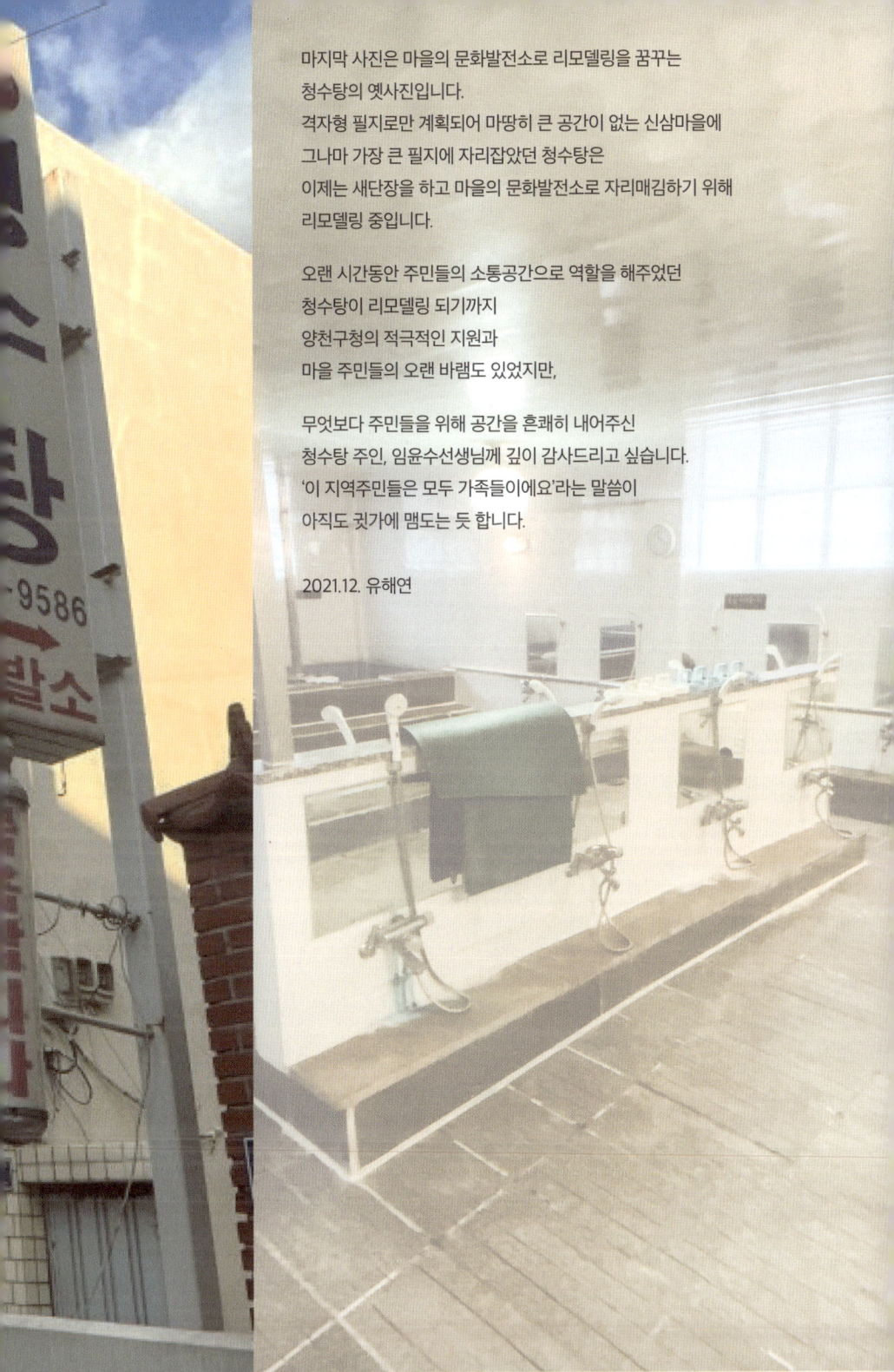

마지막 사진은 마을의 문화발전소로 리모델링을 꿈꾸는
청수탕의 옛사진입니다.
격자형 필지로만 계획되어 마땅히 큰 공간이 없는 신삼마을에
그나마 가장 큰 필지에 자리잡았던 청수탕은
이제는 새단장을 하고 마을의 문화발전소로 자리매김하기 위해
리모델링 중입니다.

오랜 시간동안 주민들의 소통공간으로 역할을 해주었던
청수탕이 리모델링 되기까지
양천구청의 적극적인 지원과
마을 주민들의 오랜 바램도 있었지만,

무엇보다 주민들을 위해 공간을 흔쾌히 내어주신
청수탕 주인, 임윤수선생님께 깊이 감사드리고 싶습니다.
'이 지역주민들은 모두 가족들이에요'라는 말씀이
아직도 귓가에 맴도는 듯 합니다.

2021.12. 유해연

CONTENTS

서론
- 목차
- 발간사

**1장
신삼마을의
골목기록가**
- 1.1 양천구의 신삼마을
- 1.2 신삼마을과 골목기록가

**2장
골목기록가와
사람들**
- 2.1 골목기록가를 기획하고 교육하는 사람들
- 2.2 골목기록가를 돕고 활동하는 사람들
- 2.3 골목기록가가 기록하는 사람들

**3장
골목기록가
교육과정**
- 3.1 기획단계 : 골목기록가 기획 및 교육과정 마련
  - 1.0단계 : 기초이론 및 심화교육
  - 1.5단계 : 실습교육 및 리빙랩 공간확보
  - 2.0단계 : 구술사 현장실습교육
  - 3.0단계 : 현장운영 및 실행교육
- 3.2 후속단계 : 지속적 리빙랩 운영 및 기록

4장

도시재생지역 기록화를 위한 필수Tip

4.1 거버넌스와 커뮤니티

4.2 구술사와 기록화

4.3 도시와 건축, 골목 실측

4.4 사진과 영상, 생활과 기록

4.5 편집과 디자인

4.6 웹페이지와 SNS

5장

골목기록가가 기록한 신삼마을 40인

5.1 겨울(2,3월)

5.2 봄(4,5,6월)

5.3 여름(7,8월)

5.4 가을(9,10월)

6장

골목기록가로/ 골목기록가와 활동하며

6.1 골목기록가 6분

6.2 골목기록가를 도운 현장지원센터 분들

7장

에필로그

아름다운 골목길과 함께

PREFACE

좁은 격자형 골목길 외에는 아무것도 내세울게 없어 보였던 작고 소박한 마을. 3분 간격으로 힘차게 들여오는 항공기 소음 때문에 대화는 오고갈까? 우려와 걱정이 되었던 마을. 하지만 겉으로만 보여지는 모습으로 판단하기 어려운 것이 바로 삶입니다.

2020년 11월 골목기록가를 꿈꾸는 주민 분들과 힘차게 시작했던 프로그램 종료 후 2021년 한 해 동안 골목기록가 여섯 분께서는 주민 한 분 한 분과 이야기를 나누며 지난 마을의 모습과 삶을 기록하였습니다.

기존의 기록화사업과 달리 주민들이 스스로 대상주민을 선정하고, 면담하고 구술을 정리하여 책으로 발간하기까지 쉽지만은 않은 여정이였습니다. 하지만 주민 분들의 노력으로 만들어진 이 책을 통해 조용할 것만 같은 우리 마을의 이야기를 조금 더 진솔하고, 생동감 있게 담아내고자 했습니다.

책에 담긴 이야기가 마을 전체의 모습이 될 수 없기에, 사진과 지도, 삽화를 통해 설명을 돕고자 했고, 교육프로그램 기록부터 운영, 모니터링까지 국내 최고의 전문가들의 도움을 받아 기록화의 중요성과 방법을 공유해드리고자 노력했습니다.

그리고 어쩌면 신삼마을이 한국의 70년대에 형성된 좁은 격자형 골목과 소필지 단위 주거블록의 마지막 모습이 될지도 모른다는 생각에 더욱 꼼꼼하게 기록하여 국내·외 많은 분들께 소개하고자 했습니다.

신월3동 신삼마을 주민분들의 따뜻하고 정겨운 마음이, 그리고 한국의 70년대 치열하고도 아름다웠던 우리네의 삶이 이 책을 통해 전해졌으면 좋겠다는 바람으로 첫 페이지를 시작합니다.

숭실대 건축학부 교수
2021년 12월 31일 유해연

CHAPTER 1

신섬마을의 골목기록가

1.1 양천구의 신삼마을

1.2 신삼마을과 골목기록가

WHERE IS?

1

양천구의 신삼마을

도시재생사업 개요

▍배려와 공감, 소통으로 신삼(남)마을

- 위   치 : 서울특별시 양천구 신월3동 176번지 일원
- 면   적 : 106,023㎡
- 사업기간 : 2021~2024년
- 위 치 도

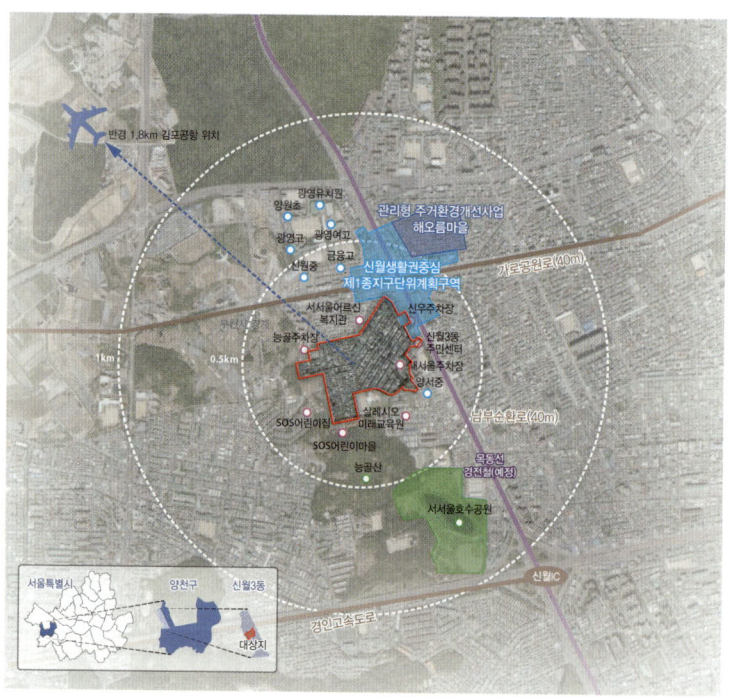

지역현황진단 및 여건분석

일반현황
- **토지이용** : 제 1,2,3종 일반주거지역, 준주거지역
- **인   구** : 최근 4년 연속 인구수 감소 추세, 2015년 대비 9.4% 감소율
- **건 축 물** : 20년 이상의 노후건축물이 94.2%

쇠퇴양상 및 원인 진단
- 지역 쇠퇴정도

- **지역진단** : 인구·건축물 노후 측면에서 감소 및 후화가 상당히 진행된 지역으로 다양한 재생사업이 필요한 지역

자원조사 및 잠재력 분석
- 재생의 시급성

공항소음피해 등 물리·환경적으로 쇠퇴	지역문제 해결방안 모색을 위한 주민의지 필요	대상지 전체의 약 94%가 노후건축물	고령인구 증가하나 청년유입요소가 없음
지역환경 한계 개선	지역공동체 회복	집수리·정비 필요	인구구조 변화 필요

- 대상지 잠재력

한국공항공사 소음대책사업 진행	활용 가능한 국공유지 보유	신월3동 시장
소음피해대책사업과 집수리지원사업을 연계하여 주택개량사업 활성화 가능	청년임대주택과 도시재생거점으로 활용 가능한 국공유지 (공영주차장, 주민센터 등) 보유	대상지 내에 신월3동 시장과 중심가로가 형성되어 경제활성화 기반이 구축되어 있음

- 상위계획 및 관련사업

2030 서울시 도시기본계획	2030 서울생활권계획
미래상 : 소통과 배려가 있는 행복한 시민도시 3도심, 7광역 중심, 12지역 중심의 중심지체계로 다핵의 기능적 체계를 강조하여 상생발전	대상지는 서남권 '신월1생활권'에 해당 주거환경 정비를 통한 주민 생활만족도 제고 사항에 신월3동 지원 및 관리방안 내용 포함

목표 및 추진전략

비전 및 목표

배려, 공감, 소통으로
공항 덕분에 신월동 삼대가 살고싶은 신나는 마을  신삼마을

마을 안 - 주민주도사업

주택·주거 환경 정비
- 집수리 지원사업
- 자율주택정비사업 지원
- 주거경관정비

CCTV 사각지대 제로화
· 지능형 CCTV 설치 및 노후화 CCTV 교체

스마트골목길 조성
· 스마트그림자 · 노면태양광 표지병 설치

마을골목길 재생
- 내집 앞 문화골목
- 중심가로 특화

스마트주차 공유시스템
· 스마트 주차장 센서 장착 · 스마트 주차장 관리 SW 개발

쓰레기 없는 신삼마을 조성
· 이동식 태양광 불법 쓰레기 모니터링
· 쓰레기 무단투기 모니터링 시스템

생활형 SOC 조성
- 마을문화 SOC
- 경인어린이공원 리뉴얼
- 신우공영주차장 증축

태양광 에너지 도입
· 3kW 태양광 발전기 / 10kW 태양광 발전기

자율주행 순찰로봇
· 불법쓰레기, 불법주차감시, 여성안심귀가동행 방역 등 역할 담당하는 자율주행 순찰로봇

마을 밖 - 산·관·학 협업사업

도시재생 활력소
- 청년주택 조성으로 인구구조 변화 유도
- 주민·소상공인 교육프로그램 운영

청년주택
· 주민커뮤니티공간
· 공영주차장
· 주민교육센터

신삼 리빙랩
- 소음저감 리빙랩
- 역사문화 리빙랩
- 재난재해 리빙랩

공항소음 모니터링 시스템
· 공항소음 모니터링 및 정보제공 시스템

신삼 안전마을
- 방범시스템 구축
- 어린이 명예경찰
- 안전구역 확대

안전마을 인프라 조성
· 스마트가로등
· 기설치 보안등 스마트화
· 신월시장 화재예방 시스템   · 무인택배함

공동체 - 지역공동체 회복

주민전문가 육성
- 주민공동체 활동
- 주민거점공간 조성
- 주민공모사업 등

스마트 커뮤니티공간 조성
· VR · AR 활용 에듀테인먼트 공간 조성
· 노인돌봄 반려로봇   · 치매예방 콘텐츠 제작(App연동)
· 키오스크 활용 노인교육
· 청년진로직업 지원 등 창작교육공간지원
· 로봇바리스타   · 스마트도서관

신월3동시장 활성화
- 상권 활성화 방안
- 상인회 조직 등
- 시장현대화

마을관리기업 (CRC) 육성
- 마을관리기업 설립
- 마을관리기업 지원
- 사업화 지원

양천 스마트 도시재생 관리 플랫폼
· 全 스마트 솔루션 관리 플랫폼(데이터 관리)
· 리빙랩(온오프)지원 · 시민소통 플랫폼 역할

추진전략

마을안 _주민주도 추진사업

 주택·주거 환경정비
- 주민 집수리의향서를 토대로 사업추진
- 자율주택정비 시범사업지 홍보와 주민합의체 지원

 마을골목길 재생
- 보행자 중심의 보차분리와 가로환경 개선
- 신삼마을 문화발전소와 연계된 문화골목 시범사업 추진

관련부처
- 문체부 | 생활문화시설 인문 프로그램 지원
- 행안부 | 안전한 보행환경 조성사업
- 과기부 | 공중선 정비
- 국토부 | 스마트도시재생사업 지원

생활형 SOC 조성
- 주민공동이용시설 확보, 마을역사 공간으로 보전 및 문화소비공간 창출
- 다양한 활동 공간 마련 및 서서울호수공원과 그린네트워크 구축

 스마트도시재생
- 마을안 우선서비스 도출에 따른 스마트 도시재생의 원동력 마련
- 스마트골목길 조성, CCTV 설치, 스마트 주차 공유, 쓰레기 투기모니터링, 태양광 에너지, 자율주행 순찰로봇 구축 등 우선사업 도출

양천구
- 녹색환경과 | 공항소음대책 업무
- 공원녹지과 | 어린이공원 조성 및 유지관리
- 도로과 | 가로등 및 도로유지관리 지원
- 스마트정보과 | 스마트도시재생사업 지원
- 주차관리과 | 공영주차장 유지관리 지원

마을밖 _산관학 협업사업

 신삼 리빙랩
- 지역적 한계인 공항소음 대책 마련
- 역사/생활문화 기록화와 재난재해 위험성 분석 등

 도시재생활력소
- 청년주택 조성으로 인구구조 변화 유도 주민교육센터 조성 및 주민·소상공인 교육프로그램 운영

관련부처
- 한국공항공사 | 신삼리빙랩 협약체결
- 경찰청 | 신삼 안전마을 지원
- 법무부 | 범죄예방환경개선
- SH공사 | 청년주택 조성사업 지원

신삼 안전마을
- 안전마을 구현 및 지역적 위화감 해소
- 양천경찰서, 서울SOS어린이마을 등과 협약 체결

 스마트도시재생
- 인프라연계 활용 및 생활밀착형 스마트솔루션 발굴
- 스마트마을인프라 조성, 공항소음 모니터링시스템 구축

양천구
- 안전재난과 | 방범CCTV구축 설계
- 주택과 | 공공임대주택 공급 지원

공동체 _지역공동체 회복

 주민전문가 육성 등
- 지속가능한 도시재생을 위한 주민전문가 양성
- 도시재생대학 및 주민공모사업 등 추진

 신월3동시장 활성화
- 시장현대화 및 빈 점포 관리 방안 모색
- 신월3동시장 및 생활가로 상인회 조직 지원

관련부처
- 고용부 | 사회적기업 지원기관 운영
- 여가부 | 공동육아나눔터 등 돌봄사업
- 중기부 | 특성화 시장 육성 및 상권활성화
- 문체부 | 생활문화공동체 만들기

 마을관리기업(CRC) 육성
- 수민을 스스로 사생직 도시재생활동 지속을 위한 토대 마련
- 지속가능한 마을 경제 순환체계 구축

 스마트도시재생
- 지속가능한 스마드 재생 플랫폼 구축을 통해 전 스마트 솔루션 효율적 관리
- 스마트커뮤니티 공간 조성
- 양천 스마트 도시재생 관리 플랫폼

 **양천구**
- 일자리경제과 | 사회적경제지원센터 운영, 시장현대화 사업 등
- 주민협치과 | 마을공동체 지원사업
- 어르신복지과 | 어르신 및 장애인 복지시원
- 교육지원과 | 마을방과후 사업 등

사업계획 수립

도시재생사업 계획도

A. 마을 안 | 주민주도

- **A-1 신삼마을 문화발전소**
  - 신삼마을 문화발전소 [H/W]
  - 내집 앞 문화골목 [H/W]
- **A-2 마을중심가로 정비**
  - 보행자중심의 중심가로 구조 재편 [H/W]
- **A-3 어린이놀이터 리뉴얼**
  - 경인어린이공원 전면개선 [H/W]
- **A-4 신삼마을 주택개량**
  - 집수리 지원사업 [H/W]
  - 자율주택정비사업 지원 [S/W]
  - 자율주택정비사업 Test-bed [S/W]
  - 신삼마을 주거경관 정비 [S/W]
- **A-5 마을주차환경 개선**
  - 신우공영주차장 증축 [H/W]

B. 마을 밖 | 산관학 연계

- **B-1 신삼 Living Lab**
  - 스마트 도시재생 연계 운영 [S/W]
- **B-2 청년주택 복합커뮤니티시설**
  - 청년주택, 마을공동 커뮤니티시설 공급 [H/W]
- **B-3 신삼돋움센터**
  - 기술 프로그램 및 다양한 콘텐츠 제공 [H/W]
- **B-4 신삼 안전마을 조성**
  - 안전마을 방범시스템 구축 [H/W]

C. 공동체 | 지역공동체 회복

- **C-1 공동체활성화 및 주민전문가 육성**
  - 공동체 활성화 (주민공모사업 등) [S/W]
  - 주민강사단 구성 및 교육센터 연계 [S/W]
- **C-2 신월3동시장 활성화**
  - 상권 활성화 및 빈 점포 관리 방안 [S/W]
  - 시장현대화 사업 [H/W]
- **C-3 마을관리기업(CRC) 설립 및 활성화계획 수립**
  - 마을관리기업 설립 및 사업화 지원 [S/W]
- **C-4 도시재생현장지원센터 운영**
  - 도시재생사업총괄 [S/W]
- **C-5 지역공동체 통합돌봄센터**
  - 코워킹시설, 돌봄사회서비스 등 [H/W]

덕분에 신월동 삼대가 살고싶은 신나는 마을 **신삼마을**

사업 유형별 주요 사업내용

구분		주요내용	조성예시
마을 안	신삼마을 문화발전소	신삼마을 문화발전소 ·주민주도 기반을 위한 주민공동이용시설 확보 ·마을역사 공간으로 보전 및 문화소비 공간 창출 내집 앞 문화골목 ·문화발전소와 연계한 테마 골목길 조성 ·골목별 주민참여 디자인 워크숍을 통해 골목길 디자인 결정	
	마을중심가로 정비	보행중심가로로 공간구조 재편을 통해 상권활성화 및 경제활성화 도모 상인회 주도로 간판 및 중심가로 디자인 제시 옥외광고물(간판)설치 지원금 프로그램 운영 건축물 리모델링 시 공사비 지원 프로그램 운영	
	신삼마을 주택개량	집수리 지원을 원하는 주민 중 신청을 받아 심사 후 지원 20년 이상 된 노후주택을 대상으로 자율주택정비사업 시행 노후 밀집지역의 정비를 통한 주거환경개선과 삶의 질 향상 사업관련 팜플렛, 설명회 등 정보 전달 및 전문 건축사 등 상담 지원	
마을 밖	신삼 리빙랩	신삼마을 주택개량사업과 연계 운영 스마트 도시재생사업과 연계 및 기존 주민공동이용시설(달빛사랑방) 활용 주민참여 및 주민주도 리빙랩 운영 연계사업 ·역사/생활문화 기록화 및 정보 공유시스템 구축 연구 ·재난재해 위험성 분석 및 예측기술 개발연구	
	청년주택 복합커뮤니티 시설	공공시설 및 행복주택 복합개발 ·신월3동 주민센터 이전 및 확장 ·신규 주택공급으로 신혼부부 및 청년에게 쾌적한 거주공간 제공 도시재생 거점공간 ·도시재생 거점공간을 조성하여 지역교육시설과 연계프로그램 제공 ·청년주택, 마을 공동 커뮤니티시설 공급 등	
	신삼안전마을 조성	아이들이 걷기 편하도록 보행환경 개선 투수성 보도, 교통정온화 포장, 노후시설 정비 등 양천경찰서, SOS어린이마을, 살레시오미래교육원, 주민협의체 연계	
공동체	공동체활성화 및 주민전문가 육성	주민강사단 구성 ·심화교육을 통해 전문 자격증 취득 ·주민 입장에서 다른 도시재생 사업지역 주민을 대상으로 도시재생과 관련한 교육 진행 공동체활성화 ·도시재생대학 및 주민공모사업 등을 통한 역량강화를 진행하여 사업의 이해와 적극적인 참여를 독려하여 사업의 추진력을 확보	
	신월3동시장 활성화	신월3동시장 및 생활가로 상인회 조직 지원 지역 브랜딩 개발, 마을 장터 및 축제 개최 신월3동시장 아케이드 보수 공사 (골목시장 이미지 개선) 낙후된 시장 가로환경 정비 시장상인들의 의견수렴을 거쳐 점포 디자인 정비	
스마트 도시재생	스마트 도시재생사업	CCTV사각지대 제로화, 스마트 주차공유 시스템, 쓰레기 없는 신삼마을 조성, 태양광 에너지 도입, 스마트주민편의시설 조성 안전마을 인프라 조성, 공항소음 모니터링 시스템 스마트 makeup 공간 조성, 양천 스마트 도시재생 관리 플랫폼	

추진체계 및 운영관리계획
사업추진 체계 구성 및 운영계획

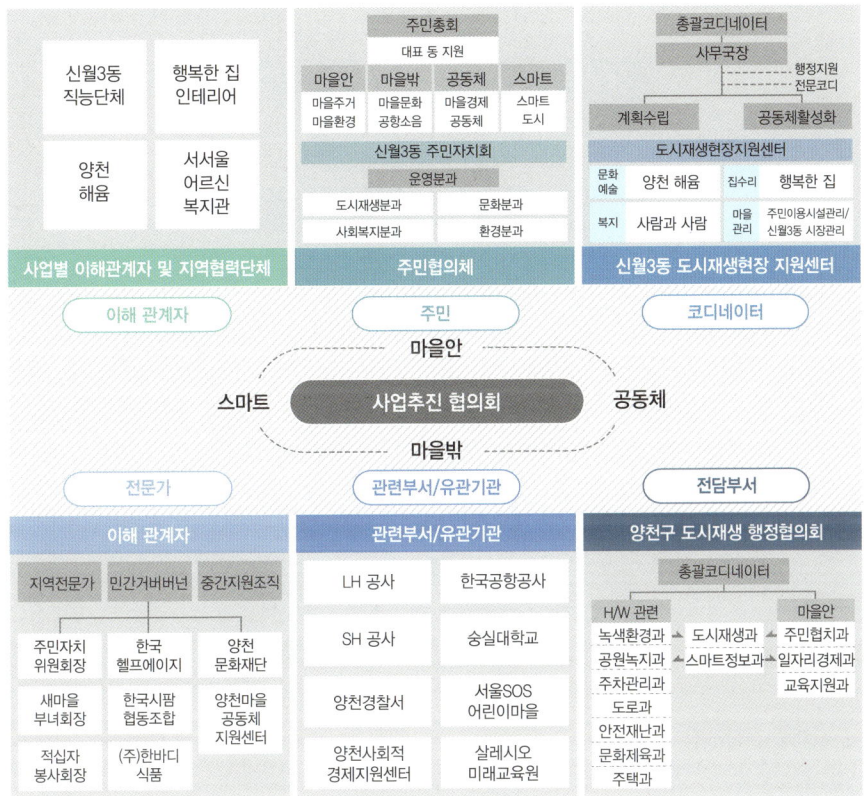

사후 운영 관리 방안

- 역 량 강 화 운 영 : 지속적인 도시재생 역량강화 교육과 단계별 추진방안 마련을 통해 최종적으로 주민 주도의 거버넌스 체계로 전환 유도
- 갈 등 관 리 방 안 : 민·관 협력체계를 통한 주민자생조직 참여와 체계적인 주민 갈등관리 시스템 구축
- 둥지내몰림 대응책 : 주민, 행정 등 분야별·단계별 대응책 마련과 공공기관(SH)의 사업참여로 문제에 대한 신속한 대응 및 해결방인 마련
- 부동산 가격상승 대응 : 단계별 대응책 마련을 통한 악영향 최소화 및 전담TF팀 구성을 통해 지속적인 모니터링

도시재생 행정협의회 구성 운영

- 부구청장을 의장으로 한 도시재생 행정협의회 구성·운영

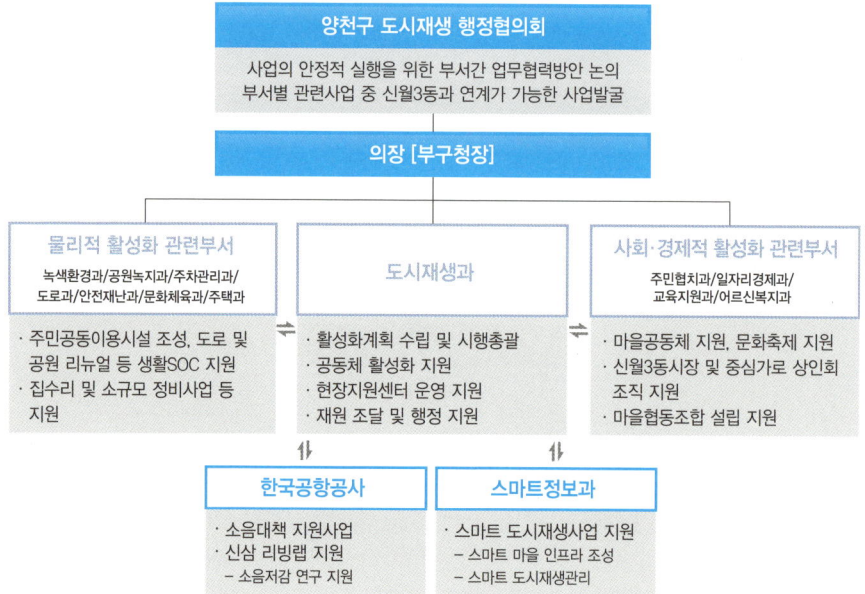

도시재생 전담조직

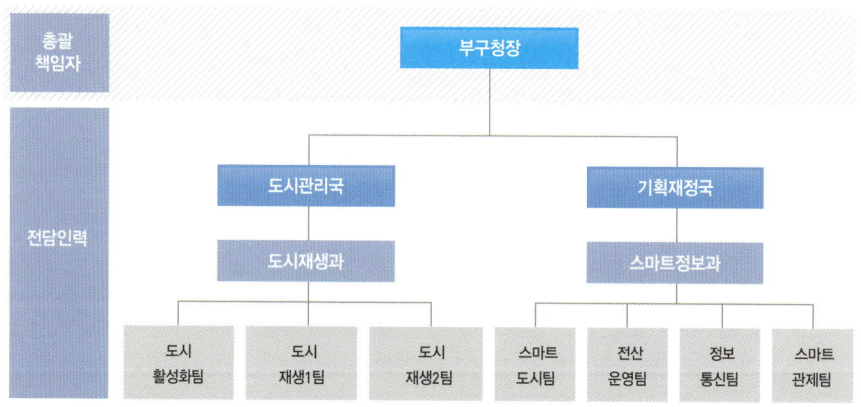

도시재생사업의 기대효과

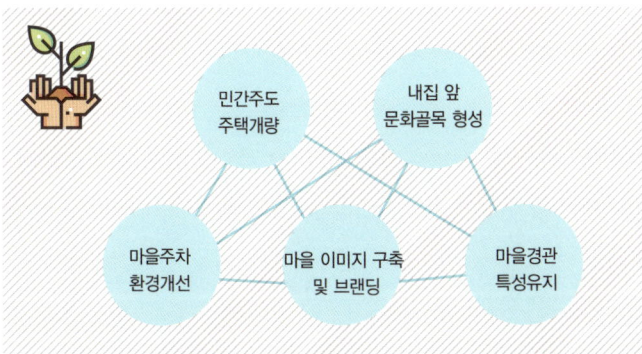

A 마을 안 — 주민주도사업
- 민간주도 주택개량
- 내집 앞 문화골목 형성
- 마을주차 환경개선
- 마을 이미지 구축 및 브랜딩
- 마을경관 특성유지

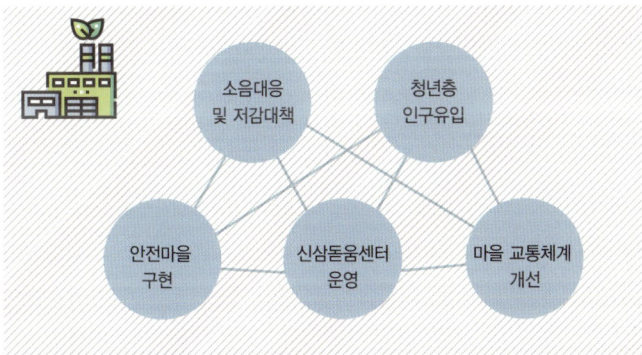

B 마을 밖 — 산·관·학 협업사업
- 소음대응 및 저감대책
- 청년층 인구유입
- 안전마을 구현
- 신삼돋움센터 운영
- 마을 교통체계 개선

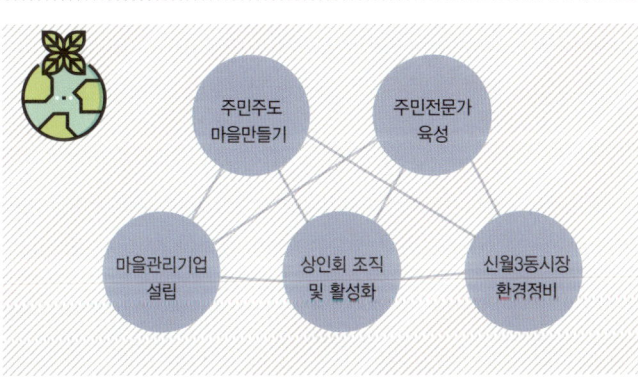

C 공동체 — 지역공동체 회복
- 주민주도 마을만들기
- 주민전문가 육성
- 마을관리기업 설립
- 상인회 조직 및 활성화
- 신월3동시장 환경정비

WHO IS?

2
신삼마을과 골목기록가

빠르게 변화하는 세상 속에서 비교적 천천히 눈에 보이며 변해가는 것이 있다면 '골목'이 아닐까 싶다. 물론 연 단위로 생각해 보면, 골목길에 있던 작은 소매점이 카페로 변해있기도 하고, 오래된 다가구주택이 세련된 공유주택으로 재건축되기도 한다. 그러나 매일 쏟아지는 새로운 정보에 비하면, 직접 경험하며 변화를 체감할 수 있는 '소소한 물리적 공간의 변화'가 고맙게 느껴진다.

국내에서는 10여 년 전부터 '도시재생'을 화두로 기존의 도시공간을 유지하고, 건축물을 리모델링하여 활용하는 등 재생의 필요성과 가치를 논의하고 있다. 따라서 관련 제도와 정책은 물론 현실적 대안을 반영한 지역이 점진적으로 늘어나고 있다. 그리고 '골목길 재생' 사업과 같은 소규모 재생사업도 조용히 이뤄지고 있다.

골목기록가의 정의

도시재생 사업을 시작하기 전과 사업이 어느정도 진행된 후, 우리는 이루어지고 있는 기록화사업에 관해 관심을 가질 필요가 있다. 보통 기록의 대상은 유의미하거나, 역사적 가치가 있는 것들이라고 생각하기 쉽다. 하지만 우리는 매일 일상을 기록하며 살아간다. 유선 통화나 사진, 혹은 영상으로. 또 가끔은 소셜 미디어의 짤막한 글로 삶의 일부분을 타인과 공유한다. 그리고 그 기록의 배경으로 도시의 풍경과 일상의 공간을 포함한다. 그렇다면 우리도 나름 일상의 기록가일까?

골목기록가와 마을해설사

먼저, 본 책에서 소개하고자 하는 골목기록가를 마을해설사와 비교하려 한다. 마을해설사는 도시재생이 시작하던 초기부터 함께 성장한 주민들이 주로 활동하는데, 오랜 터전으로 살아온 마을의 변화를 해설함으로써 방문객 또는 마을의 후세들에게 마을의 가치를 알린다. 이들은 주로 전문가들이 정리해둔 내용을 바탕으로, 자신의 경험을 추가하여 지역 고유의 특성과 방향성을 설명한다.

이와 달리, 골목기록가는 직접적으로 누군가에게 마을을 소개하고, 해설하지는 않지만, 마을의 주요 체계를 골목으로 보고, 골목을 중심으로 마을의 다양한 변화를 기록해간다. 또한 초기에는 전문가의 도움을 받아 물리적 공간을 실측하게 되고, 이를 도면화하거나 이미지화하여 기록물을 만든다. 이후에는 기록에 참여했던 거주민 스스로가 '골목기록가'로서 주기적으로 마을을 기록함으로써 변화과정을 업데이트하는 것이다.

골목기록가의 역할

보여지는 골목에는 보이지 않는 이야기가 담겨있다. 누군가에게는 어린 시절 친구들과 뛰어놀았던 공간으로, 누군가에겐 돌아가신 어머니의 손을 잡고 슈퍼마켓에 다녀오던 공간으로, 때로는 지친 귀갓길 발걸음을 위로해주던 공간으로 삶에 스며들어 있다.

마을 안의 골목은 일상생활 속 다양한 행위를 함께 공유, 유지할 수 있게 해준다는 점에서 가치있다. 그리고 골목기록가는 이처럼 골목에 담긴 주민들의 이야기를 함께 기록하고, 골목이 가진 정체성과 가치를 포함한 기록을 함으로써, 마을에 대한 정서와 함께 고유의 특성을 간직할 수 있게 할 것이다.

오늘 하루, 우리도, 내 집 앞 골목길에 담긴 이야기를 차분히 기록해보면 어떨까?

출처 : 유해연 교수, 골목기록가, 숭대시보(http://www.ssunews.net), 2020.12.01

CHAPTER 2

도시재생지역 기록화를 위한 필수Tip

2.1 골목기록가를 기획하고 교육하는 사람들

2.2 골목기록가를 돕고 활동하는 사람들

2.3 골목기록가가 기록하는 사람들

EDUCATE

1
골목기록가를 기획하고 교육하는 사람들

숭실대 도시재생융합연구팀

도시재생융합연구팀은 골목기록가를 기획·교육·지원하는 역할을 하며 기록화리빙랩을 운영하고 있습니다. 도시재생과 연계된 도시의 인문, 사회적 변화, 도시재생 지역 내 건축/도시 측면의 공간을 분석하고 앞으로 이들의 방향성을 제시하고 있습니다. 또한 정책 및 제도를 분석하여 개선점을 찾고 방향을 설정합니다. 이를 위한 기술 제안 및 실용화 방안을 제안하는 등 다양한 분야를 융합적으로 연구하고 있습니다.

연구분야

도시재생
정책 및 제도연구, 사례분석 및 개선방향 조사연구, 역사/생활문화 기록화, 도시재생대학 교육프로그램 개발 및 운영, 도시재생활성화계획안 제안

공간혁신
학교공간혁신사업 사전기획, 공간혁신사업 교육프로그램개발 및 운영, 빈집 재생 및 프로그램 운영, 유휴공간 활성화계획, 전시기획 및 설치운영

지역연계
대학과 지역사회 연계수업(서울시, 광명시, 동작구, 종로구, 양천구 등), 72시간 도시생생프로젝트, 서울은 미술관 프로젝트 건축재생과 재료

창의융합
컨테이너/모듈러 대학생 기숙사, 디지털 미디어를 활용한 심리치료, 소설 속 건축도시 공간분석, 3D 프린팅을 활용한 소음저감 재료개발 연구

기록화 리빙랩
운영방향

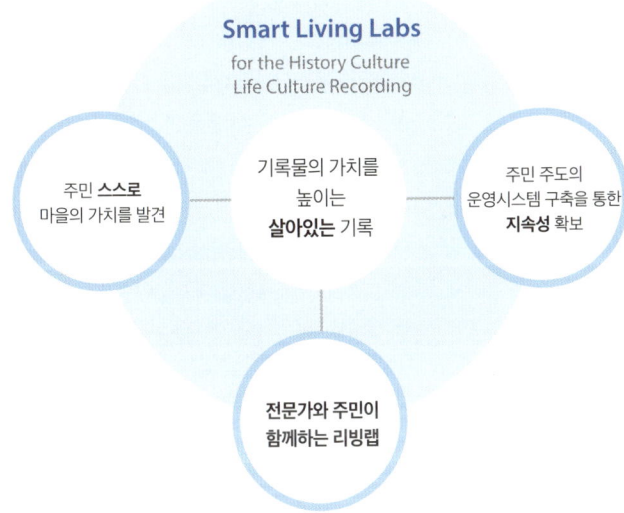

Smart Living Labs
for the History Culture
Life Culture Recording

기록물의 가치를 높이는
살아있는 기록

주민 **스스로**
마을의 가치를 발견

주민 주도의
운영시스템 구축을 통한
지속성 확보

전문가와 주민이
함께하는 리빙랩

주민 **스스로**
마을의 가치를 발견

마을은 저마다 다양하고 따뜻한 사연을 품고 있습니다. 이를 기록하여 남긴다는 것은 우리의 도시를 보다 더 인간적으로 만들어 나가는 밑거름이 됩니다. 전문가들이 기록한 마을 기록이 사장되지 않도록, 주민 스스로 마을의 변화와 가치를 발견하고 의견을 수렴하여, 스스로 미래상을 제안할 수 있기를 바라며 역사 생활문화 리빙랩 운영을 시작하게 되었습니다.

기록물의 가치를 높이는
살아있는 기록

도시재생사업지의 곳곳마다 기록화사업이 진행되고 있습니다. 도시재생사업 전 마을의 이슈를 발굴하는 데 큰 도움이 되고, 사업과정에서 마을의 변화를 기록하여 가치를 찾아내기도 합니다. 그러나 외부전문가 관점의 마을기록이 가져오는 한계도 분명히 있기 마련입니다. 이러한 문제점을 개선하고, 기록물의 활용도를 높이고자, 전문가와 마을주민이 함께 기록하고 그 결과물을 도시재생에 보다 적극적으로 활용하기 위한 주민이 운영하는 리빙랩을 계획하게 되었습니다.

주민 주도의 운영시스템 구축을
통한 **지속성** 확보

교육을 받은 주민들은 마을의 주요한 특징과 변화, 가치를 전문가의 도움을 받아 기록하게 됩니다. 또한, 주민을 대상으로 한 구술사를 통해 잊혀져가는 마을의 추억과 이야기를 기록하고 있습니다. 이 과정에서 리빙랩을 운영하며 주민들의 마을에 대한 생각과 의견도 함께 기록합니다. 리빙랩 운영은 지역 거주민이, 모니터링은 전문연구팀이, 협력 및 지원은 지자체가 함께합니다.

숭실대학교 건축학부 도시재생융합연구팀
참여 연구원

유해연 교수
연구책임

재생 사업의 시작 전 기록화든, 사업 중 기록화든, 사업 종료 후 기록화든, 기록화 활동을 하다보면 어김없이 지역을 떠나야 하는 시점이 다가옵니다. 그리고 전문가들은 무언지모를 아쉬움과 감사함, 미안함 등 복잡한 마음을 품게 됩니다. 골목기록가를 기획하고, 그 분들이 직접 운영할 수 있는 기록화 리빙랩을 구축한 이유는 이런 연유에서였습니다.
전문가나 용역사가 떠나더라도 지역의 주민분들 스스로 기록가이자 리빙랩 운영자로서 마을의 변화에 관심을 갖고 문제점을 해결해나가길 바래봅니다. 또한 우리 연구팀도 주기적/지속적인 모니터링을 통해 골목기록가 분들이 꾸준히 성장하기를 돕고자 합니다.

김희정 교수
교육프로그램 자문

신월 3동 골목기록가 양성과정의 강사로 참여한 김희정입니다.
골목기록가 양성 및 리빙랩 과정은 주민의 참여가 한 공간의 변화와 성장에 얼마나 중요한 가치를 갖는지를 목도하는 시간이었습니다.
골목기록가들은 골목의 역사, 문화에 대한 지식과 기록가로서의 전문적 역량을 증진하였으며 이웃과 연대하고 소통함으로써 자신의 삶과 이웃, 동네의 삶이 가치 있는 역사의 일부분이라는 사실을 인식하고 성장하는 모습을 보여주었습니다. 이러한 교육적 성장은 신월 3동 마을에 긍정적인 영향력을 발휘하여 도시재생 사업과 마을의 변화에 선순환되는 모델로 기능하였을 뿐만 아니라 주민이 주체적으로 지역사회의 문제점을 지역 주민과 연대, 소통하며 거버넌스와 협력하여 해법을 찾아가는 인문, 교육, 사회적 리빙랩의 의미와 가치를 보여주었다고 생각합니다.

양지원
연구원

작년, 산삼마을에서 강의를 하고, 리빙랩 공간 개선에 참여하며, 개인적으로 저에게 인상깊었던 시간이었습니다. 주민분들에게 평범한 골목과 기록의 의미에 관해 설명하며 저 스스로도 다시 한번 제가 몸담고 있는 일의 가치에 대해 상기할 수 있었습니다. 적극적으로 수업에 참여해주신 주민분들께 감사드립니다. 주민분들이 이제 동네의 골목을 조금 다른 관점으로 보게 되셨듯이, 저 또한 제가 일상에서 마주치는 크고 작은 골목들을 좀 더 애정 있게 바라보게 되었습니다. 지금처럼 골목에 대한 주민분들의 관심과 활동이 이어진다면, 분명 신월 3동이 더 살기 좋은 동네가 되리라고 생각합니다.

윤주능
연구원

연구생을 하면서 가장 기억에 남은 일을 꼽자면 골목기록가 양성과정이라고 말하고 싶습니다. 처음 기획단계부터 실측, 주민 교육, 그리고 자료 정리까지 모두 참여를 하면서 힘든 일도 많았고 보람찬 경험도 많았습니다. 골목기록가 양성과정에 참여하면서 소중한 인연들을 만날 수 있었는데, 기록가분들께서 기록 활동에 열정을 가지고 참여해주셔서 정말 감사했습니다.
사진 한장 한장에 마을의 추억을 담으며, 신삼마을이 오랫동안 따뜻한 모습을 간직하길 기대해 봅니다.

현선용
연구원

안녕하세요. 현선용입니다 하핫! 가장 먼저 드는 생각은 '내가 할 수 있을까'였습니다. 골목이 재밌고 도시재생이 흥미는 가졌으나, 함께할 방법을 찾는것이 쉽지 않았었습니다.
마침 그때, 교수님께서 한명한명 인력풀을 만들어 갔고, 각자의 재능을 발휘할 수 있는 최고의 공동체를 꾸렸습니다. 함께 했기에 더욱 의미가 컸고 해낼 수 있었던 것 같습니다.
신월3동도 그렇지 않을까요?? 각자 구성원들이 모여서 큰 비전을 만들었고, 함께했기 때문에 멋진 신삼마을 만들수 있었지 않을까 싶습니다. 물론 그곳에 코디분, 기록가분들, 연구팀 구성원들이 함께 나아갔지만, 마을 주민들이 각자의 역할을 잘 해주었기 때문에 더 값진 경험과 로드맵을 가질 수 있었지 않을까요? 골목에 처음 들어섰을때의 느낌과 점점 바뀌어가는 골목을 볼때마다 잔잔한 감동이 느껴졌습니다. 이제는 그 감동이 저를 넘어 마을주민 뿐만아니라 다른 지역에도 감동을 줄 수 있는 신삼마을 되기를 바랍니다. 감사합니다!

김규현
연구원

중간에 합류하여 연구에 참여한 게 엊그제 같은데 벌써 골목기록가 활동의 수료식까지 마무리되었다는 게 믿기지 않습니다. 부족한 저희를 믿고서 열심히 활동해주신 골목기록가 선생님들과 더불어 골목기록가 연구를 도와주신 모든 분에게 이 글을 통해 다시 한번 감사 인사를 드립니다. 연구에 참여하며 가장 놀라웠던 점은, 골목기록가 선생님들의 끊임없는 열정과 신삼마을에 대한 애착이었습니다. 조금이라도 더 마을의 기록을 찾기 위해 노력하시는 모습을 보며, 저 또한 많은 자극을 받을 수 있었고, 골목의 다양한 기록들이 쌓여가는 것을 보며 뿌듯함을 느꼈습니다. 연구팀의 교육은 마무리되었지만, 신삼마을의 기록은 계속되었으면 좋겠습니다. 기록이 더 많이 쌓이고, 정리되어 앞으로 생겨날 여러 도시재생 사업지에 좋은 마을 기록사례가 되기를 바랍니다.

길민석
연구원

안녕하세요. 신삼리빙랩연구에 참여했던 길민석입니다.
신월3동 도시재생은 연구팀에만 의존해서 도시재생이 단발성으로끝나지 않는다는 점이 정말 보람찼습니다. 주민분들의 교육을 기반으로 향후 신월3동 연구가 끝나 연구팀이 빠지더라도 주민분들이 주체가 되어 골목기록가가 꾸준히 유지될 수 있다는 점에서 자긍심을 가지고 연구에 참여할 수 있었습니다.
신삼리빙랩 연구에 참여하며 지속적인 도시재생에 대해 깊게 생각해 볼 수 있는 좋은 경험이었습니다.

방윤환
연구원

주민들이 직접 자신들이 사는 마을을 기록하고, 마을 사람들을 만나는 그 자체로, 마을의 문제와 개선점에 대해 인식할 수 있고 이는 곧 마을 발전의 첫걸음이 되리라 생각합니다. 골목기록가로 선정된 분들을 수개월 간 교육하면서 그분들이 가진 마을 발전에 대한 열정과 진심에 존경을 표합니다.
사진 찍는 법부터, 인터뷰하는 법까지 신삼마을의 발전과 연구에 도움이 되고자 최선을 다해주셔서 감사합니다.

김지혜
연구원

골목기록가 양성과정에 함께 참여하면서 다양한 경험을 쌓았습니다. 마을 주민분들이 들려주시는 골목의 역사를 통해 마을의 이미지를 더욱 풍성하게 그려낼 수 있었습니다. 현재의 눈으로 바라본 골목의 첫인상과 달리 골목의 과거 이야기들을 하나하나 알아가며 골목의 새로운 이미지들을 겹겹이 쌓아갔습니다. 골목기록가 양성과정 이후, 과정에 참여한 주민분들의 마을에 대한 인식이 달라졌다는 점 또한 인상적인 부분 중 하나였습니다. 마을에 대한 발전 가능성을 찾아내고 이를 위해 노력하고 싶다는 주민분들의 인식을 통해 마을이 점점 더 좋은 곳으로 발전할 것이라 기대가 됩니다. 골목기록가 양성과정에 대해 알아가고 조사하는 과정에서 다양한 마을 활동가 프로그램을 알게 되었습니다. 골목기록가 또한 하나의 마을 활동가 프로그램으로 자리 잡아 더욱 다양한 지역의 다양한 이야기들을 모을 수 있기를 바랍니다. 열심히 응해주신 주민 여러분에게 감사드립니다!

ASSIST

2
—
골목기록가를
돕고 활동하는
사람들

 양천구

양천구청 도시재생과
김영환 과장
조달영 과장
문쌍홍 과장

| 정제국 팀장 |
| 신근식 팀장 |
| 양청일 팀장 |

| 박수만 주무관 |
| 하창곤 주무관 |
| 전병호 주무관 |
| 한동석 주무관 |
| 진호성 주무관 |
| 김경택 주무관 |
| 이유림 주무관 |
| 박민수 주무관 |
| 정은아 주무관 |
| 추윤영 주무관 |
| 장연우 주무관 |

신월3동 주민센터

- 안기주 동장
- 오원준 팀장
- 서석지 주무관
- 이지연 주무관

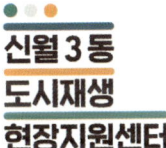

신월3동 도시재생 현장지원센터

유해연	2019.09.17~2021.06.30
고관범	2019.08.01~현재
황성숙	2019.12.04~현재
김민희	2019.12.04~현재
여수진	2019.12.04~현재
이희성	2020.12.28~2021.11.30
오건택	2021.09.06~현재
장은의	2019.12.06~2021.04.27
강재훈	2020.12.28~2021.03.02
최원순	2021.03.22~2021.08.27
구준회	2021.05.18~2021.08.06
김효은	2021.09.23~현재

RECORDE

3

골목기록가가 기록하는 사람들

신월3동 도시재생현장지원센터

고관범
센터장(센터 총괄)

정은아
주임(양천구청, 행정지원)

황성숙
코디네이터((현)공동체팀 팀장)

김민희
코디네이터(디자인, 홍보 지원)

장은의
코디네이터((전)공동체팀 팀장)

이희성
코디네이터((전)리빙랩 지원)

> **" 무심코 지나가는 길이
> 아름다운 벽화와 화초가 보이며,
> 이웃의 따뜻한 미소가
> 보이기 시작했다 "**

1기 골목기록가   골목기록가 교육프로그램 수료자 총 14명 중, 6명의 골목기록가(활동가) 선정

산삼마을 골목기록가

강혜영

" 세월의 시간을 고스란히 간직한 실금간 **담벼락**과 함께 추억을 쌓아가는 나의 **고향** "

나에게는 골목은 고향입니다.
신월동에 정착한 지 24년, 아이들의 웃음소리가 들리고 이웃들과 어울리며 함께했던 골목, 그때 그 시절의 골목이 늘 생각나요.

골목기록가 활동하며 이렇게 달라졌어요!
우리 골목을 들여다보는 시각이 달라졌어요. 꽃 한송이, 실금간 담벼락, 색색의 대문 하나하나가 예전과 다르게 느껴져요. 골목의 사계절동안 활동하면서 마을에 대한 애착이 더욱 깊어진 것 같아요.

골목으로 이행시를 짓는다면!
골목길 가다보니 추억이 방울방울 그리움에
목이 메이네,

골목기록가라는 생소함과 새로운 도전이라는 생각에 몇몇 지인들과 교육을 받게 되었을 때만 해도 마을의 이야기를 기록한다는 것에 대해 그리 어렵게 생각하지 않고 무식의 용감함으로 시작했던 것 같습니다.
처음에는 마을의 유적을 찾듯이 오래 거주하신 분들을 위주로 면담을 진행하면서 어려웠던 70년대 초반, 이주민들이 처음 신월3동에 들어와 새로운 보금자리를 만들며 정착하게 되었음을 알게 되었고, 그 시절의 이야기들을 들으며 참 힘들게 사는 사람들이 모여 신월3동의 역사가 시작되었다고 생각했습니다. 그 후 3~40년 이상 거주자분들과 신월3동이 고향인 청년 청소년들까지 다양한 연령대의 구술자 분들과 면담을 하면서 신월3동의 다양한 이야기들을 들을 수 있었습니다.

어르신들은 대부분 힘들었던 그 시절의 이야기와 항공기소음에 대한 부정적인 생각들이 많았다면 40대 주부들과 청년 청소년들은 오히려 마을에 대한 애착이 있다는 걸 알게 되었고 어떤 청소년은 "저는 우리 마을이 너무 좋은데 부모님은 여기를 떠나려고만 해 속상하다"라고 이야기해 놀랐을 때도 있었습니다.
못살고 발전 가능성이 없고 항공기소음으로 시끄럽기만 한 마을이라 생각하는 사람들은 떠나고 싶은 마음을 그래도 변함없는 마을에 익숙함이 좋고 정이 많은 마을이라고 생각하는 사람들은 살기 좋은 마을로 발전되기를 기대하는 마음들을 이야기했습니다.

처음 시작했을 때 골목 기록이라는 걸 너무 거창하고 어렵게 생각했다면 지금은 오히려 골목기록가의 매력을 조금씩 느껴가고 있고 흥미롭고 재미있게 생각하게 되었습니다. 마을에 대한 소소한 이야기부터, 사건 사고와 마을의 변화, 옛 추억까지 다양한 사람들과 다양한 이야기들로 잊혀 가고 변화되는 것들을 기록하는 의미 있는 일이라고 생각합니다.
앞으로 지속적인 활동으로 우리 마을에도 신삼마을 기록관이 만들어져 많은 사람이 우리 신삼마을의 이야기들을 찾아볼 수 있었으면 좋겠습니다. 신삼마을 골목기록가 1기 여러분들 끝까지 함께 하실 거죠!! 모두 감사드리고 부족함이 많은 주민들을 지금까지 이끌어 주신 김규현 선생님과 이희성 코디님 늘 아낌없는 지원에 감사드립니다.

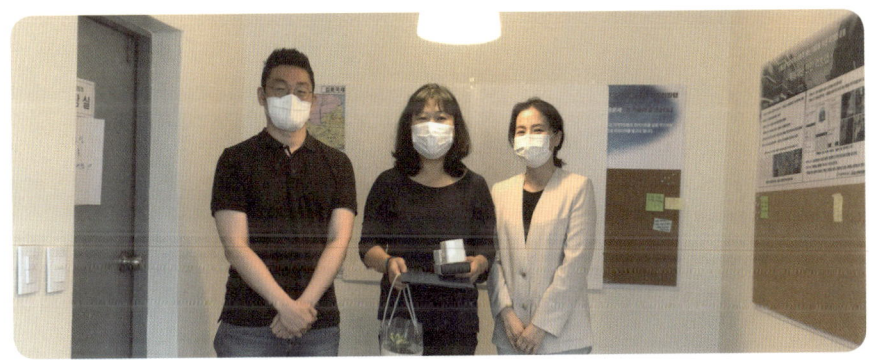

산삼마을 골목기록가
김승연

> **"** 무심코 지나가는 길이
> 아름다운 **벽화**와 화초가 보이며,
> 이웃의 따뜻한 **미소**가
> 보이기 시작했다 **"**

나에게는 골목은 추억입니다.
등학교때만 해도 아이들과 함께 고무줄, 공놀이를 하고 놀던 추억의 길이였지만,
지금은 삶의 터전으로 이웃과 함께 사는 곳으로 바뀌었어요.

골목기록가 활동하며 이렇게 달라졌어요!
아무 의미없는 골목이 다시 한번 추억을 돌아보는 기회가 되었고,
이웃과 함께 이야기하면서 공감을 얻는 시간이였어요.

골목으로 이행시를 짓는다면!
골똘히 생각하다 길을 걷다 보니
목적지, 나의 집에 어느덧 도착해 있더라.

저는 화진부동산(최공임) 사장님의 소개로 골목기록가 모집을 할 때 지원하게 되었습니다. 원래 이야기를 들었을 때 건축 쪽 일도 알아야 하고 골목에 대한 기록이라고 해서 마을 골목에 대한 변화와 측정 그리고 설계를 배울 수 있는 CAD 프로그램을 좀 더 배울 기회라고 생각을 해서 지원을 하게 되었습니다. 그 당시에 삼일교회 담벼락에 벽화작업을 했었던 때라, 골목기록가 활동도 골목을 꾸밀 수 있는 작업이라고만 생각을 하고 지원을 하였습니다.

하지만 골목기록가 활동은 제가 생각한 일과는 매우 달랐습니다. 활동하면서 어려운 점들도 많이 있었고요. 특히, 구술자를 구하는 문제가 가장 어려웠습니다. 가게 운영을 하고 있어서 마을 분들과 접점이 없어서 어려웠는데 강혜영 선생님 도움으로 마을 분들을 알게 되는 계기가 되어서 고마웠습니다.

그전까지는 우물 안 개구리처럼 가게에만 있어서 마을에 돌아가는 사정을 몰랐으며, 고객과의 사적인 만남을 두려워하는 마음이 있었습니다. 하지만 골목기록가를 하면서 사적인 만남을 갖는 것도 좋았고, 내가 여기에 소속되어서 무언가를 해나간다는 마음에 신삼마을에 대한 애정이 생겨서 더 열심히 하고 싶은 마음이 생겼습니다.

앞으로도 이런 골목기록가나 다른 양성프로그램이 생긴다면 홍보도 많이 하고 먼저 주민에게 다가갈 수 있는 사람이 되고 싶습니다.

산삼마을 골목기록가
김억부

"비행기 소리가 친근한
마을과
새로운 이웃과
추억을 쌓아가는 곳"

나에게는 골목은 **내 마음의 나이**입니다.
요즘 오징어게임이 유행이잖아요~
그 영화를 보면서, 다시 골목에 대한 추억이 생각나네요.

골목기록가 활동하며 이렇게 달라졌어요!
예전에는 기록의 중요성을 잘 알지 못했는데, 골모기록가 활동을 하며
잊혀지는 지금을 기록하는 일이 얼마나 중요한지 알게 되었지요.

골목으로 이행시를 짓는다면!
골목은 나에게 추억들을 생각나게 하는 곳.
목빠지게 기다리던 엄마의 품과 같이

작년에 받았던 7주동안의 골목기록가 교육과 올해 약 5개월 동안의 실습을 잘 마무리 했습니다. 골목기록가로 활동하면서 동네 주민과 지난 옛 추억을 기록하고, 대화도 나누며 약 50년 동안의 골목의 모습들을 더 자세히 알 수 있었습니다. 처음에는 동네 골목에 무슨 이야기가 있다고 기록을 하나 하며 고민도 하고, 궁금하기도 했었는데, 교육을 받으면서 조금씩 기록의 중요성에 다가갈 수 있었습니다.

건축가 친구한테 술자리에서 이야기를 들었을 때는 그렇게 중요한지를 몰라서, 그 친구에게 선진국들의 기록이 얼마나 자세하고, 체계적인가를 말한 생각들이 떠오르네요.

제가 골목기록가 교육을 받으며, 서울 기록원을 답사 하며 느낀 점은 우리가 하는 골목기록이라는 일이 그분들의 이야기를, 생활들을, 애환을 받아주고 기록하는 일이라는 것입니다. 기록을 하며 만족감을 느낄 수 있었고, 골목기록가 활동에 참여할 수 있어 감사했습니다.

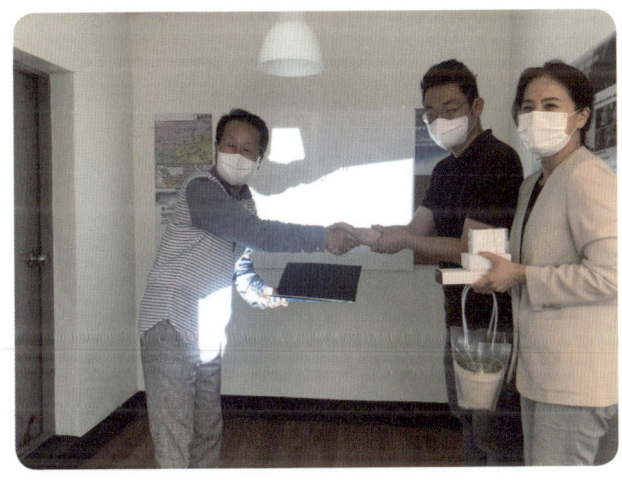

산삼마을 골목기록가
김화인

우리가 태어나서 삶을 살다
자연으로 돌아가듯
건물도 새로 지어져
생생하던 한 시절을 보내고
세월과 함께 힘을 다해 사라져가는
느낌이 들어 애잖다

나에게는 골목은 **그리움**입니다.
내 어릴적 골목은 친구들 웃음소리와 다투는 소리 가득한 놀이터였지만,
요즘 아이들에겐 줄 수 없는 아쉬움과 함께 그리움으로 다가와요.

골목기록가 활동하며 이렇게 달라졌어요!
어느 순간 무심히 지나치던 길을 다시 한번 돌아보며 지나간 시간도 생각하게 되고,
마을이라는 공동체를 가까이 느끼게 되었어요.

골목으로 이행시를 짓는다면!
골목 골목 누벼진 추억 한 장에
목화솜 이불처럼 포근한 미소 하나 올라탄다

신월 3동의 주민으로 살고 있는 것이 근 20년이 되었습니다. 그 시간 동안 제게 신월 3동은 머물고있는 공간일 뿐, 별다른 의미가 있지는 않았습니다. 골목기록가 활동은 그런 제게 지역 사회를 돌아보는 계기를 만들어 주었습니다.

무심히 지나던 길을, 스치던 건물들을 다시 돌아보고, 그 속의 이야기들을 들여다보며, 지역 사회 속의 나를 만나고 함께 변화해야 한다는 생각을 하게 되었습니다. 이런 작은 자각들이 모여, 더욱 나은 내 삶의 터전이 되어 줄 것을 소망하며, 많은 사람이 함께할 수 있기를 기대합니다.

산삼마을 골목기록가

변혜정

" 골목기록가를 하면서 **동네 이웃**과 많이 **친**해졌어요 "

나에게는 골목은 이웃간의 만남 장소입니다.
내 이웃간의 만남 이야기를 하는 곳 같아요.
정겹고 인정이 넘치는 곳이라 좋아요!

골목기록가 활동하며 이렇게 달라졌어요!
나의 관심거리가 되었어요. 30년 가까이 살면서 몰랐던 골목을 더 많이 알게되었고, 이제는 지나갈 때마다 관심이 아주 많답니다~

골목으로 이행시를 짓는다면!
골목길 가다보니 추억이 방울방울 그리움에
목이 메이네.

지인의 도움으로 작년 2020년 11월부터 '골목 기록가' 양성과정을 배우기 시작했다. 수업을 2회 정도 참여했을 때쯤, 코로나 19가 심해져서 이후 비대면으로 수업을 했다. 하지만 비대면이라서 그런지 수업에 집중하기가 어려웠다. 그때 어떤 문제들을 풀어보라고 하셨는데, 그때도 이것을 왜 풀어야 하는지 잘 모르고 했던 것 같다. 그렇게 시간이 흐르고, 7강 때인가 숙제를 청수탕 골목을 사진을 찍고 특성 및 면담 인터뷰를 해서 작성 해오라고 해서 간신히 어렵게 숙제를 했다.

그러다 수료식 날, 내가 1등이라고 상을 주셨다. '아 어떻게 해야 하지' 너무 얼떨떨하고 참 알 수 없는 마음이었다. 상 받은 사람들은 필수로 심화 과정을 해야 한다고 했다. 내가 잘 할 수 있는지에 대해 자신이 없었지만, 동료들이 있었기 때문에 함께 심화 수업을 들었다.

심화 과정 시작하면서 사진 찍는 방법도 연구진 선생님께서 가르쳐 주셨는데 참 재미있었다. 짧게 배웠는데도 골목에 집 전체를 찍고, 특이한 점을 발견하고 또 그것을 찍으면서 저점 골목에 관심이 생기기 시작했다. 평소에 자주 지나가는 골목이기에 항상 무심히 지나다녔던 그냥 그런 골목이었다. 이곳에 집들이 어떻게 생겼는지도 모르고 살았었는데 이 활동을 통해, 10년 이상 도시재생에 해당되는 지역에서 거주하시는 분을 한 달에 2명씩 찾아뵈어 인터뷰도 하고 면담일지랑 인터뷰 녹취록을 작성했다.

하지만 이것도 쉽지 않았다. 지금껏 컴퓨터를 사용할 기회가 없었기 때문에 사용법에 익숙하지 않았다. 그래서 처음에는 작성하는 데에 시간도 오래 걸리고 가족들과 선생님에게 도움을 받아야 했다. 또한, 코로나 19 시기에, 인터뷰 대상자를 구하기란 하늘에 별 따기였다. 다행히 평소에 동네 지인을 만날 때마다 인터뷰 할 사람 있는지 부탁을 많이 해놨더니, 시간이 지나 몇몇 인터뷰 대상자를 구할 수 있었다.

인터뷰하면서 나는 신삼마을 주민분들을 만나 뵙게 되었는데, 정말 모두분들이 인정도 많았고, 동네가 참 정겨워 보였다. 이처럼 이곳저곳 수많은 골목에 많은 관심이 생기면서 신기하고 재미있었다. 무엇보다 녹취록을 작성하면서 녹음된 나의 음성을 통해 나의 언어 습관도 알게 되었다. 나는 '혹시', '그러면'이라는 단어를 너무 많이 사용하고 있었다. 또한, 나의 아쉬운 대화방식도 찾아낼 수 있었다. '중간에 말은 끊었네. 끝까지 귀를 기울였어야 했는데' 하면서 반성하고 고치는 시간도 가지게 되었다.

벌써 반년 넘게 골목 기록 활동을 했다. 이것을 통해 여러 가지 배운 것도 많고, 나에 대해서도 한번 뒤돌아보게 되는 좋은 기회였던 것 같다. 신삼마을에 대해서도 많이 알게 되었는데, 이런 기회를 주신 유해연 교수님과 옆에서 많은 도움을 준 연구진 선생님들께 정말 감사한 마음을 전해 드리고 싶다.

산삼마을 골목기록가

전선이

> 신삼마을 골목길에서 활짝 **열린 대문**을 보며 그 속에 살아가는 오늘도 **이웃**과 따뜻한 마을을 나누었다

나에게는 골목은 안녕입니다.
골목 골목 어딘가 조금씩 다른 모습들. 꼭 꼭 잠긴 아파트의 문이 아닌, 우리 골목길의 문은 열어있지요. 그 골목길 문은 나를 반겨요.

골목기록가 활동하며 이렇게 달라졌어요!
아무 의미없는 골목이 다시 한번 추억을 돌아보는 기회가 되었고,
이웃과 함께 이야기하면서 공감을 얻는 시간이였어요.

골목으로 이행시를 짓는다면!
골똘히 생각하다 길을 걷다 보니
목적지, 나의 집에 어느덧 도착해 있더라.

11월, 첫 교육 모임을 나서는 날은, 바람도 제법 쌀쌀하고 추위도 다소 느낄 수 있었다. 골목 어귀에 '신삼마을 골목기록가 양성교육' 현수막이 바람에 나풀거리고 있었다.

초행길이라 도시재생지원센터를 찾는 길은 쉽지 않았다. 다 비슷한 모양의 골목들이 쭉 늘어져 있던 길, 몇 번이나 핸드폰의 지도를 살펴보며 터벅터벅 걸어갔다. 비슷한 골목길의 모습에 여러번 헤매다 들어간 길, 경사진 언덕길의 모퉁이에서 도시재생지원센터를 찾을 수 있었다. '똑똑..' 센터 내 교육실은 많은 사람들로 이미 북적거렸다. '휴... 아는 사람이 없네..' 다소 삐죽거리는 걸음으로 앞쪽 테이블 자리에 어색하게 앉았다. 두근거리는 첫 교육은 그렇게 시작되었다.

골목기록가 양성과정은 주민참여형 기록화 리빙랩으로, 총 3단계 과정으로, 2020년 11월~ 1단계 기본교육(7회기)를 수료 후, 1.5단계가 진행되었다. 1.5단계는 1단계 중 코로나로 대면교육이 화상교육으로 전환하며 원활한 교육이 진행되지 못한 점, 추가 교육 필요성으로 개설한 단계로 주로 현장기록 교육으로 진행되었다. 이를 통해, 골목에 방문하여 현장을 어떻게 기록화하는지에 대해 배울 수 있었다. 1단계, 1.5단계 교육 시간을 지나 2단계는 현장실습 과정으로, 신삼리빙랩 공간 시범운영과 주민 인터뷰 활동이 이루어졌다. '신삼마을 주민들을 드디어 만나는구나..' 인터뷰를 하는 내가 더 긴장되는 시간이었다. 2개월 동안 신삼마을을 거주 지역주민(장애인)과 인터뷰를 진행하였으며 이 과정을 기록화하였다. 계절이 바뀌어, 따뜻한 봄이 다가왔다. 3월 이후는 3단계가 진행되었으며, ~7월까지 우리 스스로 신삼리빙랩 공간을 운영하며 지속적으로 활동에 참여하였다. 지역주민과 관계 맺기, 그리고 나아가 신삼마을 골목의 가치가 무엇인지, 그 속에 살고 있는 사람들의 이야기들을 기억하고 기록하는 시간을 가졌다. 7월말, 교육 및 활동을 마무리하고 당당히 수료식을 통해 1기 활동은 공식적으로 마무리되었다.

기억 속의 골목을 기록화하는 것은 지역의 고정된 시점인 과거만을 남기는 것을 넘어 현재와 미래에 대한 단서를 마련하는 소중한 자료가 된다. 특히, 신삼마을 골목기록가 기록화 리빙랩은 신삼마을 골목의 가치와 그 속에 삶의 터전을 꾸린 사람들, 그리고 역사와 변화를 지역주민을 통해 기록화하는 과정으로 그 의미가 크다고 하겠다.

골목기록가로 약 10개월 남짓 시간을 통해, 나에게 기록된 가장 소중한 것을 하나 꼽자면 그건 바로 "사람"이다. 교육을 위해 첫발을 들인 날, 어색하게 기웃거리던 나는, 이제 신삼마을 골목길을 걷다보면 반가운 얼굴과 마주쳐 인사를 나누고, 상가에 들어가 먼저 반갑게 안부를 건네게 되었다. 일상적인 우리의 삶이 소중한 기록물이 되는 것처럼 소소한 인연들이 겹겹이 쌓여, 우리가 살고 있는 골목이 더 살맛나는 곳으로 함께 만들어갈 우리의 모습이 사뭇 기대된다.

신월3동 도시재생현장지원센터

센터장 고관범

> " 치열했던 주민들의 삶의 흔적 "

인간이 모여사는 장소를 마을이라 부르던, 도시라 부르던 그 장소에는 지속적으로 기억이 쌓일 수 밖에 없다. 이것을 정리한 결과물을 우린 역사라 불렀는데 '역사'라는 단어에는 그 시대의 기록이라는 이미지가 있고 이는 대부분 승자라 불린 소수의 흔적으로 받아들여졌다. 그러다 최근 내 기억, 우리 기억에도 가치가 있으며 이를 기록하려는 움직임이 생겨났고, '신월3동 골목기록가'의 활동은 전국 혹은 세계 곳곳에서 이루어지고 있는 새로운 움직임의 일환이다.

신월3동 골목기록가는 지금 신월3동에서 진행되고 있는 도시재생 뉴딜사업과 연계되어 당시 도시재생현장지원센터 총괄 코디네이터였던 유해연 교수의 개인 연구로 시작된 프로젝트였다. 도시재생활성화계획을 수립하는 과정에서 지역의 특성을 분석하면서 신월3동은 김포공항과 가까이 위치하여 대표적인 공항소음피해지역이지만 공항소음을 빼고 보면 70년대 토지구획정리사업으로 조성되어 80년대 경제 성장에 맞춰 한차례 개발이 이루어진 서울의 일반적인 주거지 모습을 가지고 있다고 보았다. 너무나 일반적인 모습에 그 가치가 드러나지 않고 있으며 도시재생이 이루어지는 과정에서 기록되지 않는다면 '일반적'이라는 판단 하에 어디에서 남아있지 않을 기억이 되어버릴 것이라는 것이 '골목기록가'의 시작점이었다.

일반, 평범이라는 단어에 얼마나 많은 치열함이 담겨있을까?
"나는 뭐 별거 없어."
라고 시작하는 어르신의 구술사에는 하루하루를 치열하게 살아오신 삶의 흔적이 고스란히 남겨져있다. 이를 기록하는 과정에 가치를 깨닫고 이를 남겨놓기 위해 교육받고 활동을 이어나가려는 골목기록가 6분의 열정은 일이 시작될 시점에선 전혀 예상하지 못했다.
내 개인적으로 마을 혹은 도시와 관련한 공부를 하고 주민과 맞닿은 활동을 하다보니 몇 번의 아카이브 작업에 참여하기도 했고 이와 관련하여 내가 가진 방법론으로 결과물을 남겨놓고 싶은 개인적인 욕심도 가지고 있다. 이를 위해서는 골목기록가처럼 주민 입장에서 지역을 기록하는 존재가 생겨나기를 희망했다. 하지만 다양한 전례에서 현실적인 한계로 소리없이 사라지는 기록가 또한 많이 보았기 때문에 골목기록가 양성과정 초기의 열기에 크게 기대하지 않았고 그저 한두명만 남아있기를 간절히 바랐다. 나에게는 이들에게 지속성을 어떻게 유지해줄 것인지가 가장 큰 고민이었고 그 규모가

작을 수록 고민 해결 방안이 쉬웠기 때문이다. 그러나 나와 성향이 안맞는 유교수는 특유의 긍정성으로 골목기록가를 이끌었고 내 예상을 벗어난 큰 부담감을 던져주었다.

골목기록가는 하나의 아카이브를 구축하는 작업이다. 처음 '아카이브'라는 단어가 민관이 협력하는 분야에서 등장했을 때는 이게 무엇인가하는 궁금증과 이게 필요하겠다는 공감을 폭넓게 얻을 수 있었다. 이 넓은 공감은 각 지역으로 빠르게 확산되었고 한번쯤은 아카이브와 관련된 사업이 지역별로 진행되거나 진행되고 있었다. 모든 일이 그러하지만 이 또한 유행처럼 한번 지나간 뒤, 이제는 식상하다는 평가를 받는 것이 지금 현실이다. 내 역할은 이런 현실에서 골목기록가들이 계속 활동하실 수 있도록 기반을 만들어내는 것이라 생각한다.

쉬운 해결책은 사업비를 조성하고 소정의 원고료를 기록가에게 지급하는 것이다. 성과에 따른 보상은 직관적이고 타인을 쉽게 납득시킬 수 있다. 그 성과에 대한 품질은 차치하더라도 성과가 계속 쌓일 수만 있다면 그 아카이브가 가진 힘은 계속 커질 것이다. 하지만 '아카이브'에 대한 식상하다는 이미지는 보상을 위한 사업비 조성을 어렵게 한다. 그럼 보상이 없더라도 이런 기록 작업에 재미와 보람을 느끼는 기록가를 발굴하여 지역에 남겨놓는 것으로 내 역할을 끝내기엔 느껴지는 무책임함이 너무 크다.

골목기록가와 같은 아카이브 작업은 역사가 생겨난 시간에 비교하면 아주 최근에 일어난 작은 변화일 뿐이다. 이 또한 역사처럼 오랜 시간 남아 그 가치를 뽐낼 때까지 누군가가 계속 움직여줘야 하고 그 외의 다수는 계속 기다려줘야 할 것이다. 아카이브라는 단어 자체가 성립하기 위해서는 이를 위한 시간이 필요하다는 사실은 누구나 머리로 이해하고 있겠지만 이를 행동으로 옮기기에는 우리 사회의 변화 속도가 너무 빨라 기다리는 일에 익숙하지 않다.

내가 유해연 교수의 입장이었다면 총괄 코디네이터로서 역할과 연구자로 역할을 분리하여 본인의 따낸 연구의 성과가 좀 더 주목받을 수 있도록 대상지로 선택했을 것이다. 그래서 본인이 맡았던 지역의 주민에 대한 애정으로 골목기록가 양성과정부터 여기까지 진행했던 것에 대해 부채감이 있다. 그 부채감은 내가 신월3동 도시재생현장지원센터 센터장이 되어 넘겨받고 골목기록가들에게 지속성을 쥐어드리는 것으로 갚고자 한다.

나에게 신월3동의 골목길은 여유롭지 못했던 70년대 대한민국의 흔적이다. 마이카 시대의 도래와 이로 인한 가로 체계의 변화를 당시 행정가 중 누군가는 예상하고 문제를 제기했을 것이라 기대한다. 하지만 이를 반영할만한 여력이 없었을 것이다. 10, 20년 후까지 고려하기엔 당시 서울의 성장세는 너무나 거셌기 때문이다. 나에게 신월3동의 주택들은 치열했던 주민들의 삶의 흔적이다. 반지하에서 지상 3층으로 구성된 다세대, 다가구 주택은 더 나은 삶을 기대하며 지었을 것이고 그 안에 하루하루를 보내고 몸을 누이며 더 나은 내일을 기대하는 사람들이 있었고 아직 남아있다.
여기에 김포공항으로 인한 공항소음, 2010년대를 관통했던 재개발 논의, 그리고 시작되었던 도시재생, 새롭게 일어나는 변화 등 신삼마을의 흔적들이 신월3동에서 살아온 골목기록가에 의해 기록되기를 희망한다.

신월3동 도시재생현장지원센터
공동체활성화 팀장 **황성숙**

> " 마을과 공동체 그리고 골목 "

마을은, 우리가 일상을 살아가면서 시급하고 절실한 생활의 필요와 욕구를 나와 이웃이 함께 해결해 가는 과정에서 형성되는 관계망입니다.
 무언가 만들고 변화시키고자 하는 필요를 실현하고자 스스로 나서는 주민으로부터 시작되는 것이며 이 과정에서 주민은 다른 주민들과 함께 이야기하고 더불어 나서는 과정을 경험하게 되는데, 이렇듯 다른 주민과의 관계 속에서 필요를 실현해 나가는 것이 마을활동입니다.
 그리고 이런 과정을 통해 나의 필요와 활동은 우리의 필요와 활동으로 전환되는데, 마을활동에서 마을과 사회의 필요사이의 관계와 균형에 관한 인식이 중요한 이유입니다.
왜냐하면 이를 통해 마을 활동이 공공성을 지닌 활동으로 사회변화에 기여할 수 있기 때문입니다.
 우리의 공동체 활동도 일상적인 참여와 합리적 의사결정과정을 경험하며 이웃과의 관계망을 느슨하게 때로는 강하게 확장시켜 나갑니다.
 어느덧 2021년도 마지막 한 장을 남기고 있습니다.
 지난 1년간의 골목기록화 과정을 통해 다양한 일상과 골목공동체의 역사를 기록하였는데 성공적인 골목 아카이브 구성을 축하드리며, 앞으로도 긴 호흡으로 신월3동 골목의 따뜻함과 변화를 담아내는 활동가로의 성장을 응원하겠습니다.

신월3동 도시재생현장지원센터

공동체활성화 코디네이터 **이희성**

"우리 일상의 출발점이자 도착점인 골목길"

집 앞, 건물 앞 골목길에 무심히 심어 놓은 텃밭에도 인정이 묻어있어 지나가는 사람들에게 먼저 눈인사를 하는 따뜻하고 작은 골목길, 그리고 항공기 소음과 하늘을 가로지르는 전기줄만큼 비좁고 복잡한 골목 안에서 서로 다른 세대가 삶을 공존하며 간직하고 있는 신월3동 신삼마을 골목사람들의 추억과 그들이 엮은 온정은 그 어디 마을보다 따뜻하고 고요하다.

도시재생, 재개발, 공공 재개발 등 급변하는 도시환경과 주거환경개선 변화속에서도 오랜시간을 간직한 골목의 흔적과 풍경, 잊혀져가는 우리 골목 삶의 애환을 친근한 이웃의 한사람으로서 내가 사는 골목도 역사의 한 조각이라는 시선과 사명으로 지난 1년여간 골목의 가치를 기록한 신삼마을 골목기록가 6분들께 경의를 표하며 다음 페이지로 연결되어 계속 이어질 신삼마을 골목기록 아카이빙 활동이 기대된다"

PEOPLES

21.01 신삼리빙랩 공간기획 회의

21.06 은평역사한옥박물관 탐방

21.11 신삼 리빙랩 앞에서

20.11 골목기록가 1단계 교육과정_2강

21.10 성미산 마을 사례지 답사

21.01 신삼 리빙랩 현장 완공 및 회의

21.06 서울기록원 견학

PEOPLES

21.11 골목기록가 사진전시회 캘리그라피

21.01 신삼마을 정기회의

21.01 1.5단계 교육과정_2강

21.01 신삼 리빙랩 공간 수리 현황 확인

21.07 신삼마을 골목기록가 수료식

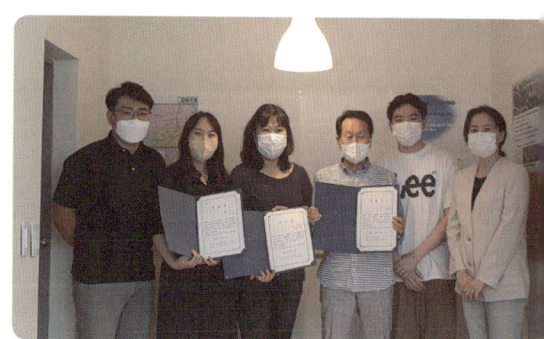

21.06 은평한옥마을 사례지 답사

21.02 2단계 교육과정_3주차

21.10 신삼마을 골목기록가 양성과정 갤러리

21.10 성미산 마을 사례지 답사

CHAPTER 3

골목기독가 교육과정

3.1 기획단계 및 교육과정

  3.1.1 1.0단계 : 기초이론 및 심화교육

  3.1.2 1.5단계 : 실습교육 및 리빙랩 공간확보

  3.1.3 2.0단계 : 구술사 현장실습교육

  3.1.4 3.0단계 : 현장운영 및 실행교육

3.2 골목기록가 운영관리

WHAT IS?

1
―
기획단계 및 교육과정

「골목기록가」 1기 교육과정은 숭실대학교 도시재생 융합 연구팀이 계획/운영하고, 한국연구재단이 지원, 양천구와 신월3동 현장지원센터가 협력하여 기획·운영되었습니다.

2020년 11월 ~ 2021년 10월까지 총 12개월 과정으로, 코로나 19 상황을 고려하여, 각 단계별 안전수칙을 준수하여 진행하였습니다. 1단계 기본과정(2020.11~12 2개월, 7회), 1.5단계 심화과정(2021.1 1개월, 4회), 2단계 현장실습과정(2021.2 1개월, 12회), 3단계 운영 실습과정(2021.3-6, 4개월)이며, 이후 자립과정(2021.7~10, 4개월)으로 진행되었습니다. 각 과정별 교육참여도, 과제수행정도, 지필평가 등을 통해 모니터링이 이루어졌고, 참여도와 역량이 우수한 참여주민을 대상으로 교육이 지속되었습니다. 교육종료 이후에도 리빙랩을 통해 기록화가 지속되고 있습니다.

1기 골목기록가 기본과정 수료자는 12명이며, 1.5단계 심화과정 참여자는 6명으로, 골목기록가는 현재까지 총 12개월동안 활동하였습니다.

역사, 생활문화 기록화

기록화 리빙랩 운영자교육

생활문화기록화의 테스트베드 지역인 신월3동은 '신삼리빙랩'이라는 이름으로 골목기록가들에 의해 운영됩니다. 단계별 교육과정을 수료하여 선발된 6인의 골목기록가는 교육기간 동안 골목의 역사와 가치, 현장 실측 및 인터뷰 방법, 리빙랩 운영에 필요한 서류관리방법 등을 습득하게 되고, 1년의 기간 동안 리빙랩 공간을 운영하고 있습니다.

신삼리빙랩은 1기 골목기록가 주축이 되어 운영 중에 있고, 향후 골목기록가들은 전문가(숭실대 연구팀)와 함께 2기 골목기록가의 교육에 참여하게 됩니다.

1 단계
골목기록가과정 기초이론 강의

기간 : 2020.11.01-2020.12.31
장소 : 신월3동 도시재생현장지원센터
교육내용
골목기록가의 이해
교육목표
골목기록가의 개념 및 역할 이해
활동내용
이론교육 및 실측 실습과제 실시

1.5 단계
리빙랩 공간 개선 및 골목기록가 과정 실습

기간 : 2021.01.01-2021.01.31
장소 : 신삼리빙랩
교육내용
골목실측 및 주민 인터뷰 방법 교육
교육목표
주민(골목기록가) 스스로 리빙랩을 운영할 수 있는 역량 키우기
활동내용
골목실측 교육, 인터뷰 실습교육

2 단계
리빙랩 운영 실습

기간 : 2021.02.01-2021.02.28
장소 : 신삼리빙랩
교육내용
리빙랩 운영 실습
교육목표
실제 운영을 통한 리빙랩 운영경험 쌓기
활동내용
시간대별 리빙랩 근무 및 주민 면담

3 단계
골목기록가 현장 운영

기간 : 2021.03.01-2021.06.30
장소 : 신삼리빙랩
교육내용
골목기록가 리빙랩 현장운영 및 활동 점검
교육목표
골목기록가이 리빙랩 현장운영 능력 향상
활동내용
신삼마을 구술기록 및 자료화

EDUCATE

1단계 교육과정

골목기록가 과정 기초 이론 강의
이론 교육을 통해 골목기록가의 개념과 역할등을 학습하고 실습과정을 바탕으로 골목기록가로 활동하기 위한 기초 능력을 향상시킵니다.

기초과정

1주차　　　　　　　　　　　　대면수업

2020.11.20

강의주제 : 마을 해설사? 골목기록가!
주요내용
1. 교육과정 소개
2. 마을해설사와 골목기록가의 기초이론
3. 교육과정 참여 전 참여자 인식조사

2주차　　　　　　　　　　　　대면수업

2020.11.27

강의주제 : 우리마을 골목이 지닌 가치
주요내용
1. 도시에서 골목이 주는 의미
2. 신삼마을 골목의 가치와 이해
3. 신삼마을 골목변화의 방향성과 필요성

기본과정

3주차　　　　　　　　　　　　비대면수업

2020.12.04

강의주제 : 골목기록 수집하기
주요내용
1. 이론 : 골목 기록화 방법
2. 실습형 이론 : 조사자가 골목길 고유의 특성
　　　　　　　　수집하고 기록하기

4주차

비대면수업

2020.12.11

강의주제 : 골목기록 수집하기(2)
주요내용
1. 이론 : 연령대 별 인터뷰 방법
2. 실습형 이론 : 인터뷰를 통해 '기억 속의 골목' 기록하기

심화과정

5주차

비대면수업

2020.12.18

강의주제 : 골목기록 편집하기(1)
주요내용
1. 이론 : 골목길 기록-특징 정리하기
2. 실습형 이론 : PPT로 편집하기(글, 사진 정리)

6주차

비대면수업

2020.12.21

강의주제 : 골목기록 편집하기(2)
주요내용
1. 이론 : 인터뷰 기록-파일로 정리하기
2. 실습형 이론 : 한글로 편집하기(글, 사진 정리)

수료식

7주차

비대면수업

2020.12.28

강의주제 : 발표 및 평가
주요내용
1. 활동내용 발표하기
2. 교육 과정 종료후 참여자 인식조사
3. 수료식
4. 1.5~2단계 참여자 선성

1.5단계 교육과정

골목기록가 과정 실습
실측과 인터뷰 진행 방법 등 골목기록가가 갖추어야할 실질적 역량과 기술을 습득하는 과정입니다.

실측실습 교육과정

1주차 현장운영 교육과정 　대면수업

2021.02.05

강의주제 : 골목실측 실습교육(1)
주요내용
1. 골목실측의 목표 및 목적
2. 실측 가이드라인 설정 및 주의사항
3. 실측자료 정리 실습

2주차 회의 진행 　대면수업

2021.02.12

강의주제 : 골목실측 실습교육(2)
주요내용
1. 골목기록가 실측 실습
2. 직접 사진촬영후 자료정리 실습
3. 질의응답

면담실습 교육과정

3주차 현장운영 교육과정 　대면수업

2021.02.19

강의주제 : 주민 인터뷰 실습교육(1)
주요내용
1. 인터뷰 전 주의사항 교육
2. 주민 인터뷰 진행
3. 인터뷰 후 자료정리 실습

4주차 회의 진행 　대면수업

2021.02.26

강의주제 : 주민 인터뷰 실습교육(2)
주요내용
1. 인터뷰 관련 서류 작성 및 관리방법 교육
2. 면담일지 작성 교육
3. 질의응답

리빙랩 공간 확보 및 리모델링

희망지사업 시 기확보되었던 주민 커뮤니티 공간인 신월3동 '달빛사랑방 공간'을
리모델링 하였습니다. 지속적으로 주민이 주도하여 활용할 수 있도록
지자체 관계자 및 주민들과 깊이있게 논의하였습니다.

공간 확보

2021.01.06

회의주제 : 현장답사
주요내용
1. 구청 도시재생과 과장님 현장시찰 및 의견교류
2. 골목기록가 1.5~2단계 교육과정 및 일정회의
3. 신삼리빙랩 공간개선 회의
   (설계 전 실측진행 등)

위치
서울특별시 양천구 남부순환로 40길 71
(달빛사랑방)

대면수업

줌(Zoom) 회의

2021.01.08

회의주제 : 리빙랩 개선안 토의
주요내용
실측을 통한 디자인 방향 협의

비대면수업

실측회의

2021.01.12

강의주제 : 1차 공간개선회의 및 실측
주요내용
1. 리빙랩 공간실측 및 야장작성
2. 리빙랩 공간 청소
3. 개선방향 회의

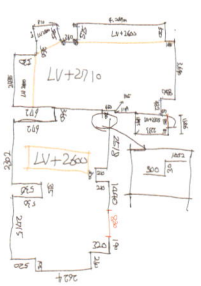

리빙랩 공간 도면 작성

2021.01.14

강의주제 : 도면 작성 및 2차 공간개선회의
주요내용
1. 리빙랩 공간 도면 작성
2. 공간 특이사항 확인
3. 개선방향 회의

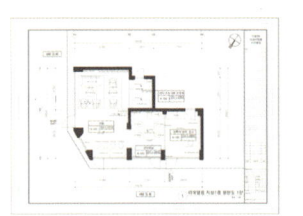

리빙랩 수리현황

2021.01.19~01.25

주요 변경사항
1. 간판 등 외관 개선
2. 내부 도배 및 설비 수리
3. 가구 조립 및 배치

*신월3동의 '행복한 집' 염창덕 대표님과 집수리를 도와주신 주민 여러분들의 봉사로 리빙랩공간이 새롭게 탄생할 수 있었습니다.

현장공사 완료 및 실습

2021.01.26

강의주제 : 주민 인터뷰 실습
주요내용
1. 신삼리빙랩 완공 확인
2. 주민 인터뷰 및 기록 실습
3. 질의 응답

2단계 교육과정

구술사 현장실습 교육

골목기록가의 개념 및 역할 이해를 이론교육 및 실측 실습과제 실시를 통해 골목기록가의 이해를 높였습니다.

실측실습 교육과정

1주차 현장운영 교육과정 `대면수업`

2021.02.05

강의주제 : 정기회의 및 현장실습 점검(1)
주요내용
1. 골목기록가 활동비 지급 안내
2. 구술자 답례품 변경 안내
3. 현장실습 건의사항 접수
4. 운영 규칙 회의

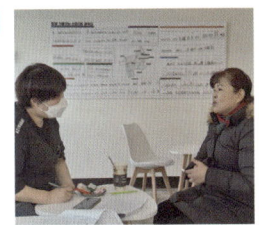

2주차 현장 운영 실습과정 `대면수업`

2021.02.12

강의주제 : 골목실측 실습교육(1)
주요내용
1. 구술기록 실습 및 기록화
2. 리빙랩 운영 실습

면담실습 교육과정

3주차 현장운영 교육과정 `대면수업`

2021.02.19

강의주제 : 정기회의 및 현장실습 점검(2)
주요내용
1. 구술자 연령 기준 완화 건의
2. 인터뷰 장소 기준에 대한 완화 건의
3. 3단계 운영 중 연구원 파견 건의
4. 리빙랩 공간 개선 의견 수렴

4주차 현장 운영 실습과정 `대면수업`

2021.02.26

강의주제 : 골목실측 실습교육(1)
주요내용
1. 구술기록 실습 및 기록화
2. 리빙랩 운영 실습

3단계
교육과정

골목기록가 현장 운영
골목기록가 스스로 리빙랩을 운영하고 마을의 추억을 기록하며 골목의 특징을 담은 구술 자료를 제작하고 홍보하는 과정입니다.

실측실습 교육과정

1주차 현장운영 교육과정 `대면수업`

2021.03.05
주제 : 골목기록가 정기회의
리빙랩 운영시간 관련 토의
인터뷰 녹취록 원본 관리 및 점검

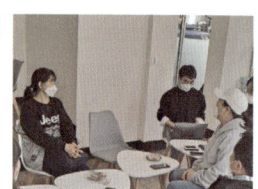

2주차 현장운영 교육과정 `대면수업`

2021.03.12
주제 : 골목기록가 정기회의
금하마을 외부 발표 안내
구술자 모집 기준 재 안내
면담일지 작성 기한 준수 공지

면담실습 교육과정

3주차 현장운영 교육과정 `대면수업`

2021.03.19
주제 : 골목기록가 정기회의
금하마을 외부 발표 1차 내용 공유
금하마을 강의확인서 서류 작성 안내

4주차 현장운영 교육과정 `대면수업`

2021.03.26
주제 : 골목기록가 정기회의
면담일지 최종 업로드 날짜 토의
금하마을 외부강의 확인 서류 작성 검토

5주차 현장운영 교육과정 `대면수업`

2021.04.02
주제 : 골목기록가 정기회의
면담일지 작성 방식 재 안내
기초 ppt 제작 교육 진행

6주차 현장운영 교육과정 `대면수업`

2021.04.09
주제 : 골목기록가 정기회의
금요일 정기회의 횟수 조정
인터뷰 관련 추가 교육 강의 관련 토의

7주차 비대면 교육 `비대면수업`

2021.04.16
주제 : 골목기록가 정기회의
골목기록가 면담일지 작성 확인
골목 재실측 관련 공지

8주차 현장운영 교육과정 `대면수업`

2021.04.23
주제 : 골목기록가 정기회의
4월 골목 재실측 양식 관련 토의

9주차 현장운영 교육과정 `대면수업`

2021.04.30
주제 : 골목기록가 정기회의
4월 골목 재 실측 양식 배포 및 계획 안내
기초 사진 촬영 관련 교육

10주차 현장운영 교육과정 `대면수업`

2021.05.21
주제 : 골목기록가 서적 제작 안내
타 공모사업 팀(자서전 제작)과의 연계 의사 확인

11주차 현장운영 교육과정 `대면수업`

2021.05.28
주제 : 6월 수료식 일정 검토
6월 골목기록가 활동 일정 조정
주민공모사업 사례지 답사 검토

12주차 현장운영 교육과정 `대면수업`

2021.06.18
주제 : 6월 수료식 일정 확정 : 6월 29일 (화)
공모사업 연계를 위한 질문지 작성 및 토의

3단계 교육과정 수료식

2021.06.29
주제 : 골목기록가 활동 보고
사진 촬영 및 답례품 증정

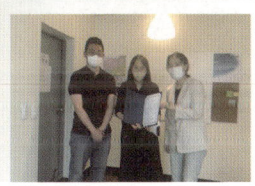
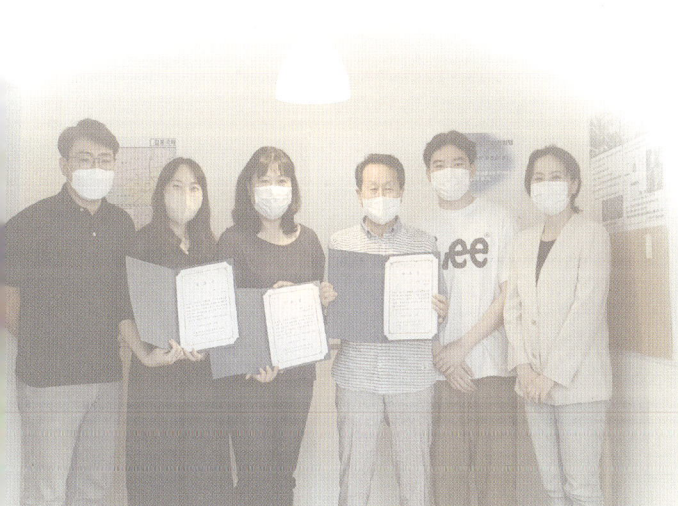

HOW IS?

2
골목기록가 운영 관리

지난 2021년 6월 3단계 교육과정 종료 후, 지속적으로 골목기록가의 활동을 지원하기 위하여 숭실대학교 도시재생융합 연구팀에서는 지속적인 모니터링과 운영지원을 해나가고 있습니다.

코로나19 상황으로 인하여 연구팀-골목기록가-현장지원 센터 간의 대화와 의견 교환에 어려움이 있었지만, 다음과 같은 방안으로 어려움을 딛고

1. 이메일과 메신저를 통한 꾸준한 소통
2. 비대면 화상회의를 통한 의견 수렴
3. 홈페이지를 통한 자료 홍보
4. 장기적 정보시스템 구축을 위한 전문가 의견 수렴
5. 마을기록가, 기록화 사업 등 선진사례 검토

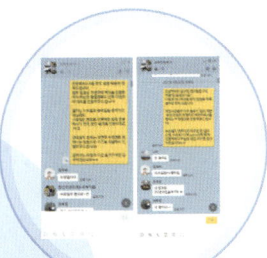

eMail, Massenger

이메일과 메신저를 통한 꾸준한 소통

연구팀에서는 골목기록가와 지속적인 연락을 통해
후속 활동 중의 어려움을 수렴하고
필요한 프로그램을 계획 및 지원하고 있습니다.

비대면 화상회의

Web Site

비대면 화상회의를 통한 의견 수렴

월 1회 정기회의와 골목기록가의 요청에 따른
추가 회의를 진행하여 활동 내용 확인 등의
모니터링을 진행하고 있습니다.

홈페이지를 통한 자료 홍보

홈페이지에 골목기록가의 활동을 지속적으로
업데이트하여 가시성이 있는 결과물을 제작하고,
골목과 마을 기록의 중요성을 알리고 있습니다.

PROCESS

공모사업 참여

주민공모사업을 통한 활동 다양성 확보

신삼마을 골목기록가는 다양한 주민공모사업에 참여하여 단순한 문자 형태의 기록뿐만 아닌 다양한 형태의 기록을 시도하고, 이를 활용하기 위해 노력하고 있습니다.

*2021 서울은 미술관 프로젝트
 (기억배달부)
*숭실대연구팀과 신월3동 주민들과
 함께 공모
 (서울시시장상_지역상생상 수상)

사진전

골목기록가 사진전시회 '골목을 담다'

골목기록가들이 촬영한 사진을 전시하는 전시회를 통해 주민들이 골목에 대한 애정을 가질 수 있도록 하며 골목의 아름다움을 홍보할 수 있었습니다.

현장답사

도시재생 선진 사례지 답사를 통한 전문성 확보

도시재생 선진 사례지 답사를 통해 기존의 기록화 사업이 어떻게 진행되었는지를 살펴보았습니다. 이를 통해 신삼마을만의 기록화 사업을 어떻게 진행할 수 있는가에 대한 토의를 진행하여 골목기록가의 전문성과 활동의 자발성을 높이고 있습니다.

월 모임

정기 회의

주기적인 회의를 통해 골목기록가 스스로 활동 피드백과 개선 방향성 등을 제안합니다. 이를 통해 골목기록가가 신삼마을의 정체성과 특징을 지닌 기록을 남기기 위해 노력하고 있습니다.

PROCESS

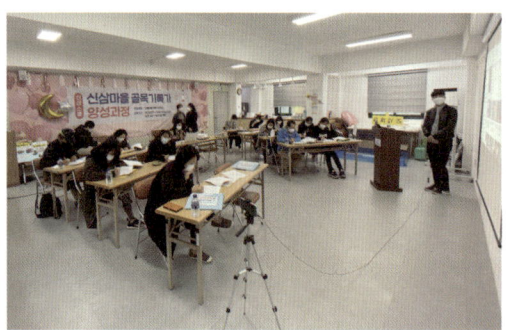

2020.11.20 골목기록가 1단계 교육과정_1강

2020.11.27 골목기록가 1단계 교육과정_2강

21.02 신삼마을 골목기록가 양성과정 갤러리

2020.11.27 골목기록가 1단계 교육과정_2강

2020.11.27 골목기록가 1단계 교육과정_2강

2020.11.27 골목기록가 1단계 교육과정_2강

2021.01.29 골목기록가 1.5단계 교육과정 4회차

PROCESS

2021.03.12 3월2주차 골목기록가 정기회의

2020.12.11 골목기록가 1단계 교육과정

2021.02.09 골목기록가 2단계 실습과정 2주차

21.03 3주차 골목기록가 정기회의

2021.01.12 신리타운 공간기획 회의

2021.06.29 골목기록가 과정 수료식

21.11 사전기획 및 회의(숭실대학교)

CHAPTER 4

도시재생지역 기록화를 위한 필수Tip

4.1 거버넌스와 커뮤니티 _이영범

4.2 구술사와 기록화 _김희정

4.3 도시와 건축, 골목 실측 _이상학

4.4 사진과 영상, 생활과 기록 _김지욱

4.5 편집과 디자인 _하영진

4.6 웹페이지와 SNS _최종석

Governance & Community

1

거버넌스와 커뮤니티

이영범 _경기대학교 교수, 건축공간연구원 원장

마을 기록작업은 왜 필요할까?

도시재생에서 마을단위의 기록작업은 오랜 시간의 켜를 통해 적층된 우리네 삶의 공간이 어떤 과정을 통해 지금의 모습을 갖게 되었는지를 살피는 작업이다.

그럼 마을단위의 기록작업이 도시재생사업을 진행하는 사업현장에서 왜 필요할까? 좁은 골목과 낡은 담벼락, 어깨를 마주하고 다닥다닥 붙어 있던 좁은 집들, 어린 시절의 삶의 흔적과 발자취를 간직하고 있는 동네 구석구석의 공간들, 세월이 흘러 2층 양옥이나 다세대주택으로 하나 둘씩 바뀐 동네 풍경들. 삶의 흔적과 세월의 변화를 고스란히 간직한 공간의 속 이야기를 찾아서 들어봐야 무엇을 지키고 무엇을 고칠 것인지를 알 수 있기에 도시재생 사업이 본격화되기 전에 마을 기록작업을 선행해야만 한다.

마을 기록작업은 단순히 지금 상태를 기록하는 것이 아니라 지금까지의 변화의 과정과 그 변화되는 과정에 개입된 삶의 다양한 이야기들을 발굴하는 것에서 출발한다. 그래서 기록작업은, 어느 누군가의 어린 시절의 성장기나 3대가 함께 살았던 가족사를 통해 삶의 일부가 되어 버린 집과 마을의 공간의 기억을 기록하고 이를 통해 지금 필요한 공간으로의 재생을 위한 새로운 가치를 일궈 낼 출발점이자 밑작업이라 할 수 있다.

Governance & Community

1
―
거버넌스와 커뮤니티

이영범 _경기대학교 교수, 건축공간연구원 원장

**마을 기록작업은
왜 필요할까?**

도시재생에서 마을단위의 기록작업은 오랜 시간의 켜를 통해 적층된 우리네 삶의 공간이 어떤 과정을 통해 지금의 모습을 갖게 되었는지를 살피는 작업이다.

그럼 마을단위의 기록작업이 도시재생사업을 진행하는 사업현장에서 왜 필요할까? 좁은 골목과 낮은 담벼락, 어깨를 마주하고 다닥다닥 붙어 있던 좁은 집들, 어린 시절의 삶의 흔적과 발자취를 간직하고 있는 동네 구석구석의 공간들, 세월이 흘러 2층 양옥이나 다세대주택으로 하나 둘씩 바뀐 동네 풍경들. 삶의 흔적과 세월의 변화를 고스란히 간직한 공간의 속 이야기를 찾아서 들어봐야 무엇을 지키고 무엇을 고칠 것인지를 알 수 있기에 도시재생 사업이 본격화되기 전에 마을 기록작업을 선행해야만 한다.

마을 기록작업은 단순히 지금 상태를 기록하는 것이 아니라 지금까지의 변화의 과정과 그 변화되는 과정에 개입된 삶의 다양한 이야기들을 발굴하는 것에서 출발한다. 그래서 기록작업은, 어느 누군가의 어린 시절의 성장기나 3대가 함께 살았던 가족사를 통해 삶의 일부가 되어 버린 집과 마을의 공간의 기억을 기록하고 이를 통해 지금 필요한 공간으로의 재생을 위한 새로운 가치를 일궈 낼 출발점이자 밑작업이라 할 수 있다.

마을 기록작업은 누가 하는 것이 맞을까?

도시재생사업은 주민참여에 기반한 주민 주도성을 강조한다. 하지만 대부분의 사업이 소위 '관주도'에 의한 행정의 틀에 의해 제약을 받다 보니 도시재생사업의 주민참여의 형식의 과잉과 오류의 반복을 목격하게 된다. 도시재생은 다양한 삶의 관계망을 담고 있는 장소성에 대한 보존을 의미하며 또한 장소성에 담긴 삶과 공간의 관계망을 재구성하는 것을 의미한다. 따라서 도시재생은 쇠락하는 장소의 물리적 환경뿐만 아니라 그 안에 내포된 삶의 방식에도 주목해야만 한다.

삶의 방식에 무게를 두고 터로서의 동네나 마을의 공간의 문제를 다뤄 내가 사는 마을에서 생의 마지막 순간까지 그동안 함께 했던 이웃과 함께 살면서 정주의 가치를 누릴 수 있는 공동체의 지속가능성을 확보하기 위해 우리는 도시재생사업을 진행한다. 그렇다면 그 사업의 출발점은 누구여야만 할까? 당연히, 내가 사는 동네가 저성장시대의 도시쇠퇴를 이겨내고 지속 가능한 정주성을 유지할 수 있을 지에 대한 고민의 출발점은 당사자로서의 주민의 참여이어야만 한다.

주민참여가 지나치게 형식화되어 주민이 수동적으로 진행되는 프로그램에 참여하여 생기는 주민 소외의 문제를 극복하고 진정한 주민 참여가 되기 위해서는 참여가 주민들에서부터 출발하는 것이 필요하다. 주민들이 쉽게 자신의 문제라고 생각하고 적극적으로 참여할 수 있는 게 있다면 그것은 바로 자신들이 살아 온 마을을 기억하는 일일 것이다. 기억 속의 시공간의 다양한 이야기를 기록을 통해 드러내는 작업은 그 마을에서 살았던 주민이 아니고선 할 수 없는 일이다.

주민참여가 도시재생사업에 선정되기 위한 필요조건이

되면서 소위 보여주기식의 동원형 참여가 되는 경우가 많다. 설령 참여가 실제로 이뤄지는 경우에도 참여의 스펙트럼이 좁아 특정한 이해관계를 갖는 주민들의 주도로 참여가 진행되는 경우도 허다하다. 그러다보니 간혹 의견이 갈라져 목소리 큰 소수의 주민들이 권력화 되기도 하고 도시재생대학에서 진행하는 교육에 참여하거나 나들이 가는 기분으로 선진지 견학에 동참하는 정도에서 주민참여가 벌어지는 것이 현실이었다. 도시재생사업이 진행되며 이런 시행착오를 거치면서 주민참여도 점차 주민주도성에 기반해 참여한 주민들이 지역에서 재생의 다양한 주체로 성장하는 사례를 목격한다. 도시재생에서 주민참여가 주민주도성으로 이어지는 대부분의 성공사례를 들여다보면 주민 스스로가 자신들의 삶터에 내재된 문제를 파악하는 것에서부터 문제 해결의 실마리를 찾는 것이 중요하다는 것을 알 수 있다.

거버먼트 Government 형에서 거버넌스 Governance 형으로의 전환

주민은 한정된 영역에서만 참여하고 용역사가 대부분의 발주된 사업을 맡아서 진행하고 행정은 사업의 틀 안에서만 전체를 관리하는 톱다운 방식이 거버먼트(Government)형의 전형에서 벗어나 주민이 문제를 스스로 읽고 진단하고 해결방법을 찾기 위한 스스로의 노력을 진행하는 과정에서 행정이 지원하고 전문가나 용역사가 협력하면서 재생의 실마리를 찾아나가는 수평적인 관계망에 기반한 거버넌스(Governance)형으로의 전환이 필요하다. 주민참여가 사업의 가치실현과 연동되어 핵심동력으로 작동하기 위해서는 주민의 관심이 참여로, 참여가 소통으로, 소통이 협력으로 변화되고 발전될 수 있는 동기부여가 필요하다. 그러기 위해서는 참여의 첫 출발이 중요하다.

도시재생사업 지역에서 주민 스스로가 자신의 삶터에 담긴 자신의 이야기를 발굴하고 공간의 이력을 찾아가는 과정은 이런 동기부여의 가장 쉽고 중요한 출발점이 될 수 있다. 주민들이 주도적으로 진행하는 마을 기록작업이 자신들이 삶터를 둘러 보고 그 안에 담긴 의미와 가치를 끄집어 낸다고 하더라도 그 의미와 가치를 존중하고 이를 재생의 영역으로 전환시켜 주는 작업을 해 주는 전문가와 행정의 역할이 없다면 기록작업은 단지 기록에만 그칠 것이다. 주민참여를 통한 마을 기록작업 과정에의 참여의 주체는 주민만이 아니다. 거버넌스로의 수평적 관계망을 형성한 행정이나 전문가, 그리고 지역의 단체 등이 모두 참여하여 각자가 지닌 자원과 정보, 그리고 권한을 공유하며 기록이 재생의 가치로 이어질 수 있도록 협력할 때 마을 기록작업은 이 작업에 참여한 주민을 주체로 성장할 수 있도록 돕게 된다.

마을 기록작업은 어떤 가치로 이어져야 할까?

주민에 의해 마을의 시공간에 내재된 가치가 기록의 형태로 발굴되면 이를 재생의 콘텐츠로 전환하는 창의적 기획이나 재생을 이끄는 동력으로서의 가능성을 상상으로 다듬는 일이 역시 무척 중요하다. 따라서 동네가 갖는 장소적 특성을 지역의 문제와 지역주민들의 요구에 어떻게 공간적으로 대응하며 재생의 가능성을 이끌어 낼 수 있느냐를 고민하는 기획단계의 거버넌스를 구축하는 것 역시 중요하다.

이렇게 만들어진 기획작업을 단순히 용역으로 처리하거나 행정의 틀에 맞춰진 내용으로 마무리한다면 마을 기록작업의 가치는 왜곡되고 만다. 도시재생은 쇠퇴한 지역을 재생의 완성된 공간을 만드는 것이 아니라 스스로 회복하는 과정형 공간을 만들어 가는 데 의미가 있기에 마을 기록작업에서 읽어낸 하나하나의 스토리와 그 스토리가 담긴 장소의 가치를 다시 현재화하여 미래의 가치로 활용할 수 있도록 주민들이 계속 머리를 맞대어 논의하고 실행해 나갈 수 있도록 재생사업의 한 영역을 열어주는 것이 필요하다. 그래야 참여가 거버넌스로 이어 지고 주민주도성의 가능성을 확보하게 된다.

Verbal & Recording

2

구술사와 기록화

김희정 _한국교육개발원 연구원, 인하대 초빙교수

구술사의 의미와 과정

1) 네이버 국어사전, 2021.09.26. 인출

구술사(口述史)란 동시대 사람들이 경험 따위를 구술한 것을 기록한 역사1)를 의미한다. 구술사는 이야기 한 사람의 경험과 기억에 의존하게 된다는 점에서 구술 자료의 객관성에 대해 비판받기도 한다. 반면 과거 사실을 실제 체험한 사람이 그 사실을 어떻게 인식하고 또 해석했는지 생생하게 재현한 자료로 볼 수 있다. 인간이 자신의 삶에서 경험한 미시적이며 체험적인 사실이라는 점에서 오히려 더욱 실체에 가깝다고 평가되기도 한다.

복잡한 세상은 '있는 그대로'는 이해하기 힘들다. 그러므로 사람들은 복잡한 현상들을 최대한 단순화시켜서 이해하고 설명하려고 한다(조용환, 1995). 그런데 양적으로 단순화된 자료들, 예를 들어, 마을 인구수 11,145명, 남녀 성비 111.49명, 쓰레기 배출량 1일 1193.6톤, 화재 발생 빈도 219건, 마을에 대한 주민들의 만족도 4.50(5점 만점)와 같이 수치로 나타나는 양적 데이터로는 그 마을에 대해 충분히 이해하기 어렵다. 마을 주민들이 직접 이야기하는 질적 데이터가 더해질 때 실제와 유사한 세계에 대한 이해가 가능해진다. 그러므로 마을 주민들의 인터뷰를 통해 '기억 속의 골목'기록하는 것은 가장 실제적인 골목이라는 세계를 이해하기 위함이다.

실제 세계를 구성하는 데이터

구술사를 행하는 골목기록가의 자세와 구술사 방법

면담 과정과 골목기록가의 역할

구술사에 참여하는 골목기록가의 자세는 왜 중요할까? 골목기록가는 현장에서 구술자의 구술을 이끌어내는 역할을 하기 때문이다. 구술사를 위한 면담과정은 <그림 2>와 같이 면담계획, 면담대상자 선정, 면담 동의얻기, 면담 진행, 전사 및 데이터화의 과정으로 구성된다. 골목기록가는 구술 내용과 주제에 따라 구술자를 섭외하고, 구술자에게 질문하고 또 구술내용을 녹음한다. 녹음한 것을 녹취하여 문서화하는데 이러한 면담계획에서 녹취 전사와 데이터화하는 전 과정에서 골목기록가의 역할이 중요하다. 골목기록가가 이 과정에서 어떻게 계획하고 면담을 진행하고 또 구술자료를 녹취하는지에 따라 구술의 결과물이 달라지게 된다.

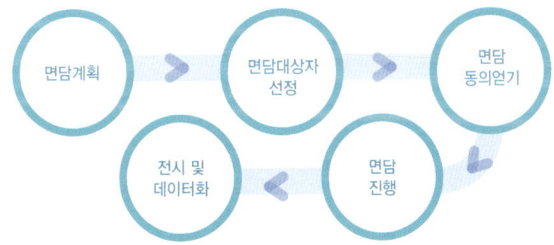

면담 과정

골목기록가의 자세

골목기록가는 구술자에 대한 이해가 필요하다. 이를 위해서 구술자가 구속하는 골목과 마을에 대해 잘 이해하기 위한 사전 조사와 탐구가 필요할 것이다. 그리고 면담 전 과정에 주체적으로 참여하여 해석하는 자신에 대한 이해가 필요하다. 구술은 사람과 사람이 만나 이루어지는 대화라는 점에서 기억과 경험의 기록을 넘어 개인과 집단의 치유와 회복에 대한 영역까지 확대되기 때문이다. 그러므로 구술자가 느낄 수 있는 심리적 부담과 어려움, 그리고 심리적 자유로움에 대한 민감성을 갖도록 자기 성찰과 성장을 위해 노력해야 한다.

"심층면담이란 인간이 기계를 상대로 하는 것이 아니라 인간을 상대로 하는 작업이다. 그러므로 심층면담 과정을 통해 얻어야 하는 것은 파일과 테이프만이 아니다. 구술자의 카타르시스와 트라우마로부터의 해방도 있다

(한국구술사연구회, 2005)."

면담자의 자기 성찰과 성장에 대해 한국구술사연구회에서는 다음과 같이 정리하고 있다.

첫째, 면담자에 대한 선입견을 없애야 한다. 이는 연장자들에 대해 갖는 기억력에 대한 불신이나 편견을 갖지 않는 것을 포함한다.

둘째, 면담자의 욕심에 따른 약탈적, 공격적 수집을 금지해야 한다.

셋째, 체크리스트를 통한 면담 점검 과정 필요하다. 이처럼 골목기록가가 구술자, 구술대상과 내용, 구술자료를 바라보는 자신에 대한 이해가 중요하다. 골목기록가 자신이 보고자 하는 만큼 또 자신이 보고싶은 대로 보이는 것은 아닌지 이해하는 것이다. 이처럼 구술사를 행하는 골목기록가가 이러한 자세를 갖추었다면 구술사 방법에서 중요하게 살펴봐야 할 것은 다음과 같다.

과거의 복원과 재현의 의미

이러한 자세를 가지고 있는 골목기록가라면 구술사에 대한 가치를 이해해야 한다. 과거를 있는 그대로 복원하여 재현하는 것이 무슨 의미가 있을까? 골목과 마을에 대해 과거 시점의 자료는 고정된 것 같지만 이는 현재와 미래에 대한 단서를 마련해 준다. 구술사는 개인의 과거 삶에 대한 기억이자 개인이 속한 가정, 마을, 사회와 같이 개인을 둘러싼 환경 속에서 개인이 상호작용하여 나타나는 현재 삶과 삶의 변화를 기록하여 새로운 미래를 창조하는데 소중한 자원으로 활용할 수 있다. 그러므로 골목기록가의 관심 분야는 기록해야 할 내용 차원에서는 골목을 중심으로 생활문화, 역사문화, 사회경제 문화를 포함한다. 그리고 구성원 차원에는 개별 구성원의 의식, 사건, 경험 뿐만 아니라 골목을 함께 공유하였던 가족 및 공동체의 의식, 사건 경험까지 포함한다.

구술사에 임하는 대상 주민의 선정, 그들의 자세와 구술사 방법

면담 계획과 구술자 선정

면담을 계획할 때는 왜 이 이야기를 기록하고 싶은지에 대한 면담 주제와 목적을 먼저 설정해야 한다. 면담 주제와 목적에 따라 가장 잘 구술할 수 있는 면담자를 찾아야 하며, 면담 방식도 일대일방식이 좋을지 여러명이 함께 하는 것(Focus Group Interview)이 좋을지 결정하게 된다. 면담대상자는 골목을 경험한 마을 주민 모두가 가능하다. 구술할 목적과 주제에 따라 누가 가장 의미있는 구술을 할 수 있을지 찾는 것이 중요하다. 구술자료는 구술자의 사실적인 경험과 증언으로서의 가치를 가질 뿐만 아니라 그러한 구술자료가 구술자에 의해 해석되고 평가되는 것까지 포함하기 때문이다. 예를 들어, 신월 3동의 가장 오래된 목욕탕인 정수탕 앞 골목에 대한 구술자료를 기록하기 위해서는 청수탕을 운영한 주인 뿐만 아니라 청수탕을 애용하는 성인과 아동을 대상으로 면담하여 청수탕 골목길에 대한 다층적인 이해가 가능할 것이다.

면담 윤리

면담 윤리를 기억해야 한다. 인간을 연구 대상으로 하는 연구를 할 때에는 연구 참여자(연구대상)에게 정신적 육체적 고통을 수반하지 않는 범위 내에서 진행해야 한다. 골목기록가는 면담에 참여한 구술자가 자유롭게 이야기하도록 격려해야 하며, 구술자가 특정 주제에 대해 이야기하는 것을 거부할 수 있음을 구술자에게 알려주어야 한다. 면담 윤리를 위해서 구술자가 편안하게 이야기할 수 있도록 골목기록가가 라포를 형성하고 약탈적으로 면담을 진행하지는 않았는지 지속적으로 확인하는 과정이 필요할 것이다.

라포형성

라포(Rapport)란 무엇인가? 라포는 신뢰와 친근감으로 이루어진 인간관계를 의미한다. 면담에서 구술자의 감정, 사고, 경험을 이해하기 위한 공감대를 형성하려는 노력이 필요하다. 상호 협조적인 자세와 유대감이 있는 구술자는 자신의 기억과 당시의 생생한 증언을 편안하게 구술할 수 있을 것이기 때문이다. 그러므로 골목기록가는 구술가가 자신의 이야기를 꺼내기 어려워하거나 무슨 이야기를 어떻게 시작해야 할지 난감해 할 때 공감대를 형성할 수 있는 이야기를 하거나 편안하게 시작할 수 있는 질문을 준비하는 것이 좋다. 라포 형성은 구술자가 말하고 있는 것에 대해 집중하고 관심을 가지는 것에서부터 시작한다. 이 과정은 구술자의 언어적인 반응 뿐만 아니라 몸의 자세, 신체 움직임, 눈깜박임, 얼굴 표정 등의 비언어적인 반응까지 포함한다. 또한 골목기록가가 면담 전에 구술 주제와 대상에 대한 사전 조사를 통해 배경과 사건에 대한 이해가 있는 경우 구술자가 면담과정에 공감대가 잘 형성될 수 있을 것이다.

면담준비 및 진행

장소와 시간은 구술자가 편안하게 생각하는 장소와 시간을 고려하여 정한다. 기록에 남기고자 하는 대상지가 있다면 면담 이후 대상지에 함께 방문해서 추가적인 구술을 진행하는 것도 효과적이다. 준비물은 스마트폰, 녹음기, 사진기, 필기류, 동의서 등이다. 장비는 미리 사전에 사용법을 숙지하고 배터리를 충전하거나 소모품을 상비해야 한다. 녹음 장비는 여분의 장비를 동시에 사용하는 것이 좋으며 파일 역시 복수의 기기에 저장하여 분실되지 않도록 유의한다.

면담 전일 혹은 면담일 오전에 약속을 항상 서로 재확인하는 것이 좋다. 구술자의 기억을 활성화하여 상기시킬 수 있는 사진이나 신문 기사 등 기억 매체를 준비하는 것도 좋은 방법이다. 면담을 진행할 때 골목기록가는 낯선 것을 익숙하게 만들고 익숙한 것을 낯설게 만들려는 노력이 필요하다. 골목기록가는 자신이 이미 잘 알고 있는 사실에 대해서도 구술자의 시각과 언어를 통해 새롭고 낯설게 보려는 시도가 필요하다. "아, 내가 다 아는 내용"이라고 치부하여 구술하는 내용을 건성으로 넘어가면 안된다. 골목기록가가 구술자의 구술 내용에 상관없이 자신이 이미 알고 있는 지식과 정보로 추론하여 구술을 진행하지 않도록 유의해야 한다. 또한 골목기록가가 생경하게 느끼는 구술 내용이 있다면 구체적인 구술을 통해 이해할 수 있도록 한다. 구술가의 구술을 방해하지 않으며 급하게 개입하지 않고 기다리는 것, 즉 구술자의 침묵, 머뭇거림 역시 구술 흐름의 중요한 부분으로 생각해야 한다.

TIP!

**구술사를 정리하는
방식과 활용시
유의사항 등**

구술자료 기록

이제 우리가 면담한 구술기록이 앞에 있다. 골목에 대해 면담한 자료를 어떻게 문서화하고 관리할까? 면담일지 작성은 인터뷰가 끝난 후 바로 작업하여 면담 상황에 대해 자세히 기록한다. 구술 증언의 중요한 내용과 골목기록가가 면담 과정에서 느꼈던 느낌과 판단, 평가, 특이사항 등을 포함할 수 있다. 또한 골목기록가가 면담 과정 느꼈던 어려움이나 시행착오 등도 기록해야 한다.

구술 자료의 텍스트화

녹취록을 작성할 때는 구술자의 당시 감정과 태도를 가능하면 생생하게 전달할 수 있도록 해야 한다. 녹취록은 면담자가 직접 작성하며, 면담이 끝난 이후 가급적 빠른 시일 내에 작성한다. 녹취문 작성의 원칙은 '빠짐없이 있는 그대로, 생생하게"표현한다. 예를 들어 사투리나 문법적으로 틀린 말이라도 그대로 작성한다. 둘째, 대화체로 표현하되 가능한 음가를 살리기 위해 노력한다. 단어를 "하아아얀"과 같이 길게 늘여 강조하거나 같은 말이라도 뉘앙스에 따라 의미가 달라질 수 있으므로 유의하여 작성한다. 지문을 통해 구술자의 언어화되지 않은 침묵, 흐느낌, 눈물 등도 함께 기록한다. 구술 내용의 맥락을 파악하는데 도움이 되는 설명이 있다면 각주를 통해 표시할 수 있다. 골목기록가는 구술자료를 텍스트화 하는 과정에서 면담을 재확인하고 평가하는 시간과 기회를 갖는다.

구술자료의 해석과 사용

골목기록가는 도시재생사업으로 인해 변화를 겪고 있는 마을을 기록함으로써 사라져가는 과거의 공간과 기억을 재해석할 뿐 아니라 새롭게 변화해 가는 도시의 변화 과정을 기록함으로써 마을의 역사와 문화적 의미를 주체적으로 형성해 가는 역할을 하게 된다. 구술자료를 통해 골목기록가와 주민은 자신의 삶과 이웃, 동네의 삶이 가치 있는 역사의 일부분이라는 사실을 인식하며, 마을의 변화의 역사이자 새로운 문화와 역사의 일부가 될 것이다.

<참고문헌>
조용환(1995). 교육에서의 질적 연구: 방법과 적용. 서울: 교육과학사
한국구술사연구회(2005). 구술사(방법과 사례). 서울: 선인

Verbal & Recording

3

도시공간 실측 : 장소를 경험하고 쓰는 시

이상학 _㈜그룹씰 대표

양주시 도시디자인 방향성 및 기본계획연구, 2010
평리공원 활성화 도시재생방안연구, 2013
ID병원 & ID 피부과 의원 신축설계, 2016
상도 Hand Picked Hotel 신축설계, 2016 외 다수
천연충현 생활문화 기록화 실측참여, 2019

다층적 몽상을 위한 기록활동

1) 가스통 바슐라르, 곽광수 역, 「공간의 시학」, 동문선, 2003.06, p.941

"어린시절이 우리들 내부에 살아 있어서 시적으로 유용하게 남아 있는 것은, 사실의 차원에서가 아니라 몽상의 차원에서인 것이다……몽상을 통해 우리들이 태어난 집에서 다시 산다는 것은, 추억을 통해 그 집에 산다는 것 이상이다. 그것은, 그 사라진 집에서 우리들이 옛날 거기서 꿈을 꾸었듯이 산다는 것인 것이다."

「공간의 시학」, 가스통 바슐라르[1]

도시공간을 실측한다는 무엇일까? 그리고 도시공간이 무엇이기에 실측해서 기록하는 것일까?

가스통 바슐라르는 "공간의 시학"에서 집을 하나의 물리적 건조환경이 아닌 내밀한 정신적 가치로서 읽어내었다. 그는 집의 공학적, 형태적, 심미적 측면을 넘어 거주자가 경험한 정신적 인지에 따라 집이 각기 다른 현상으로 각자의 꿈속에 살아있음을 말해주었다.

가스통 바슐라르, 곽광수 역, 「공간의 시학」, 동문선, 2003.06, p.941)

개인의 내밀한 공간 집합체인 도시공간 역시 마찬가지로 해석할 수 있다. 수많은 시간과 이야기의 흔적들이 축적된 도시공간은 불특정 다수에게 서로 다른 의미를 가진 장소의 집합체이다. 그렇기 때문에 도시 거주자들에게 물리적, 정신적, 의미적으로 계속해서 변형을 일으키고 있는 살아있는 생명체라고도 할 수 있다.

계속 변화하고 있는 순간의 한 현상을 기록한다는 측면에서 볼 때, 도시공간을 실측한다는 것은 단순히 기술적인 차원에서 '기록'한다는 것을 넘어 더 깊은 의미를 찾을 수 있을 것 같다. 사진과는 무엇이 다를까? 좋은 화질과 컬러를 가진 사진으로 여러 장면을 남기는 것이 더 쉽지 않을까? 왜 굳이 힘들게 현장에서 실측을 하고 도면화하며 기록하는 것일까?

사진은 기억하고 싶거나 기록하고 싶은 그 한 순간을 포착한다. 한 순간을 포착한다는 것은 그 순간, 그 시간, 그 상황들이 오묘한 조화를 이루며 형성하는 특별한 분위기를 포착하는 것이

다. 사진이라는 장면 속에 남겨진 한 순간은 꼭 그 때에만 포착할 수밖에 없는 순간일 수 있다. 지속적이지 않은 딱 그 순간 말이다.

하지만 도시공간을 실측한다는 것은 사진과 조금 다른 것 같다. 도시공간을 실측하기 위해 실측자는 현장에 방문하여 그 곳의 거주자 인터뷰, 현장 사진, 그리고 시간이 축적되어온 물리적 실체들을 직접 손으로 느끼며 실측을 한다. 이 과정에서 실측자가 그 장소를 경험하며 느낀 여러 가지 주관적인 감정이 실린다. 어떤 이는 인터뷰를 통해 거주자가 중요하다고 이야기한 부분을 더 디테일하게 실측할 수도 있으며, 어떤 이는 그와는 전혀 다른 부분을 다른 표현으로 실측하기도 한다. 그리고 실측의 결과물은 다양한 형태의 자료들로 남겨놓는다. 현장의 인터뷰, 실측자가 현장에서 느낀 텍스트, 야장위에 작성한 손 스케치와 실측자료, 분위기 포착을 위한 다양한 구도의 사진, 그리고 도면, 컬러화 된 일러스트 이미지들이다. 오랜 시간 축적되어온 장소의 특성을 하나의 매체로 온전히 담기 힘들기 때문이다.

이렇게 다양한 방식의 실측된 결과물을 접하는 사용자들은 그것을 인지하는 측면에서도 서로 다르다. 누군가는 몽상을 통해 그곳에 여전히 살고 있을 것이며, 누군가는 또 다른 측면의 몽상을 통해 그곳을 다른 방식으로 읽어내고 있을 것이다. 실측하는 행위의 순간과 과정, 그리고 그 이후에도 도시공간의 의미적 변형은 계속해서 일어나고 있는 것이다.

결국 도시공간 실측이란 사진과 달리 한 순간의 장면을 포착하는 것이 아니라 계속해서 변형되는 현상들을 결합해나가는 과정으로서의 행위라고 볼 수 있다. 또한 이것은 어떤 장소를 경험한 후 마치 함축적인 시를 써내려가듯 최대한 다양한 방식의 결과물로 타인에게 그 경험을 전달하는 과정이다. 그리고 그것을 통해 각기 다른 사용자들의 정신세계에 특별한 몽상을 제공함으로써 실제적이든, 의미적이든 또 다른 방향으로의 변형을 돕는 것이다.

장소를 기록하는 열린 실측

도시공간을 실측한다고 하면 일반적으로 안전모를 착용 후 줄자를 들고 커다란 야장에 기록해나가는 장면을 떠올릴 수 있다. 그렇다. 일반적인 방법의 실측은 떠올린 장면 그대로다.

하지만 컴퓨터 프로그램과 장비의 발달은 더욱 정확한 실측이 가능하도록 해 주었다. 일례로 오랜 시간을 거쳐 온 거대한 보호수를 피해 주택을 설계하는 과정에서 3D 스캐너는 그 대지를 정확히 실측하여 설계과정의 수많은 오류와 오차를 줄여주는 데 일조를 한 적이 있다.

이처럼 실측의 방법은 현재로서는 수기실측과 3D스캐닝 이라는 두 가지 방식이 있다.

첫 번째 방법인 수기실측은 말 그대로 직접 줄자로 실측하는 것이다. 수기실측을 위한 준비물로는 크게 줄자, 야장, 카메라가 있다. 여러 명이 역할을 분담해야하므로 충분한 인원도 필요하다. 사전에 실측대상에 대해 충분히 조사를 한 후 현장에서 거주지의 인터뷰와 함께 전체와 부분의 사진촬영, 줄자를 통한 야장기록을 진행한다. 이후에는 사무실에서 현장의 자료들을 정리하여 텍스트, 도면, 일러스트 이미지, 사진 등으로 정리한다.

이 방법은 몇 차례의 현장방문으로 실측을 진행해야 할 수도 있다. 사람의 손으로 직접 진행하기에 그만큼 오류와 오차가 많기 때문이다. 하지만 이 과정을 통해 실측자는 현장에 대한 충분한 이해를 가질 수 있어 무엇에 더 중점을 두어야 하는지 알 수 있다.

수기실측과 달리 3D스캔을 통한 방법은 매우 정확하고 신속하다. 짧은 시간 안에 한두 명의 인원이 장비하나만 가지고 엄청난 범위의 도시공간을 오차 없이 스캔할 수 있다. 더욱이 장소의 지형을 비롯해 기형적으로 뒤틀린 형태조차 정밀하게 3차원으로 담아낼 수 있다. 하지만 이 방법은 실측자의 현장이해도가 충분치 않은 상태에서 오로지 기술적 현황을 기록하는 것에 그칠 수 있다. 더 쉽게는 수많은 사진을 3차원으로 정밀하게 결합한 형태라고 보면 맞을 것이다. 따라서 이 방법의 경우 거주자 인터뷰, 사진 및 기타 다른 방법의 기록을 통해 현장의 이해를 높이는 것에 신경을 많이 써야 한다.

점진적 진화과정을 거치는 지속적 재현물

도시공간 실측은 앞서 이야기한 것처럼 장소를 기록하는 것이기에 어느 한 가지 방법만으로 충분하다고 볼 수 없다. 각각의 방법에 장단점이 있으며 이러한 장단점을 보완하도록 두 방법을 혼용하여 실측이 필요하다고 본다. 그럼으로써 누가 실측하고 어떻게 실측하느냐에 따른 왜곡을 최소화하고 최대한 다양한 사용자가 열린 해석과 활용을 할 수 있도록 하는 것이 중요하다.

도시공간 실측은 기록의 한 행위이다.[2] 한 연구에 따르면 기록을 "증거", "정보", "활동의 지속적 재현물"로 정의한다. 결국 도시공간 실측은 현황의 기록을 통해 역사의 한 부분으로서, 실무의 한 부분으로서 "증거"이자 "정보"로서 활용이 될 것이다. 하지만 기록의 정의 중에 "활동의 지속적 재현물"이라는 정의에 대입해 본다면 더욱 의미 있는 활용가치를 찾을 수 있을 것 같다.

연구에 따르면 "활동의 지속적 재현물"이란 기록이 제공하는 "증거","정보"를 자원이라 할 때 그 자원과 사용자 간 "특정한 관계에 따라서 제시될 수 있는 사용, 동작, 기능의 연계 가능성"이라고 한다.3) 다시 말해 사용자가 기록을 어떻게 사용하느냐에 따라 기록의 다양한 변형이 생성된다는 것이다.

"활동의 지속적 재현물"로서 도시공간 실측이란 어떤 것일까? 단순히 나중에 추억거리를 만들기 위한, 정보를 남기기 위한 실측을 넘어 사용자와 교감을 통해 새로운 의미를 지속해서 생성하고 발견해 나갈 수 있는 살아있는 재현물일 것이다. 그것들이 어떠한 형태인지 의미인지는 알 수 없을 것이다. 하지만 어떤 형식이든 어떤 영감이든 사용자와 실제적으로, 정신적으로 교류, 교감하게 될 것이다.

이러한 것이 가능해지기 위해서는 도시공간 실측이란 기록의 행위가 단순히 한 순간의 짧은 프로젝트로 끝나서는 않된다. 지속성을 가지고 오랫동안 도시공간에 대한 실측의 업데이트가 이루어져야 할 것이며, 실측의 주체 또한 외부인이 아닌 주민협의체 등의 실제 거주자가 중심이되어야 할 것이다. 실측의 방법 또한 그간의 시각적 차원을 넘어 청각적, 미각적 차원등 보다 입체적인 기록이 되도록 노력해야 한다. 이렇게 함으로써 고정화된 재현이 아닌 점진적으로 진화하는 지속적 재현물이 되도록 하여 다양한 사람들에게 예측할 수 없는 몽상을 유도하는 살아있는 기록으로 남아야 한다.

2) 설문원, 「기록이란 무엇인가? _ 활동의 고정적 재현물로서의 개념 탐구」, 한국기록학회 월례발표회, 2019.01.23., pp.12~19

3) 앞의 논문, p.19

Photography

4

사진과 영상, 생활과 기록

김지욱 _김지욱스튜디오 대표

2020 용답동 골목길재생사업 기록화사업
2020 독산1동 말미마을 골목길재생사업 기록화용역
2020 시흥5동 새뜰마을사업 기록화사업
2019 독산동 산업체 사진전 '우연이 꾼 꿈' 기획/전시
2018 독산동 우시장 사진전 '우연' 기획/전시

사진 그리고 빛
Photography
사진은 찍는 것이 아니라
빛을 그리는 것.

사진 촬영을 할 때 제일 중요한 것은 가장 좋은 시간에 좋은 피사체를 발견하는 일이다. 내가 촬영하고자 하는 장소와 공간에 자주 방문하여 원하는 그림과 시간을 기록할 수 있도록 노력하는 자세가 필요하다. 사진 촬영을 하다 보면 마주하게 되는 다양한 순간들이 있다. 특히 도시재생지역은 하루가 다르게 장소가 변하고 공간들이 사라지기 때문에 다양한 방법과 기법을 활용하여 기록하는 것이 중요하다.

시간이 길어질 수도

필름 또는 디지털

컬러 또는 흑백

카메라의 종류는 다양하다. 특히 필름으로 현장을 기록할 경우 여분의 필름과 카메라가 필요하다. 상황과 현장에 맞는 카메라를 골라 기록하는 것이 매우 중요한데 조리개, 셔터스피드, 감도에 대해 배우고 현장에 나가야 실패할 확률이 낮다. 이 3가지 요소가 딱 맞는 순간 적정 노출의 가장 적합한 이미지를 구현할 수 있다. 이미지는 다양한 형태로 표현되는데 처음부터 완벽한 이미지를 만들려고 하지 말고 본인만의 시선을 담은 사진을 구축하도록 노력하는 자세가 필요하다. 그리고 유사한 프로젝트를 많이 찾아보고 다른 작가들은 어떻게 도시를 관찰하고 표현하는지 고민해야 한다.

요즘은 스마트폰을 활용해 현장을 기록하는 방식을 선호하는 사람들도 있다. 조작이 간편하고 늘 휴대하기 때문에 어디서나 자신이 원하는 방식으로 피사체를 촬영할 수 있는데 다음과 같은 방식들을 활용하면 조금 더 빠르고 간편하게 도시재생지역의 이야기들을 기록할 수 있으니 참고하길 바란다.

포커스

초점과 노출을 맞출 것.
손가락으로 클릭 후 노출을 조정(야경사진)

어플리케이션을 활용할 것.

줌기능을 쓰기보다 내가 피사체에 조금 더 가까이 다가가기.

BEFORE

AFTER

같은 장소에서 다양한 시간대에 연속으로 촬영하기. 그리고 변화하는 모든 순간을 기록하기.

도시재생지역에서의 영상 및 사진 촬영의 의미와 방식에 대해 알아보았는데 촬영 기준과 방법은 매우 다양하고 촬영자 성격에 따라 그 이미지는 의미가 재현될 수 있다. 공간의 성격과 특성에 맞게 본인에게 제일 적합한 방식을 찾는 것이 중요하며 추후 전시 및 출판물 등의 작업에 참여할 수 있도록 도시의 공간 그리고 기록에 대해 많은 도움이 되었으면 하는 바람이다.

Edited design

5

기록을 위한 편집과 디자인

하영진 _더레드 대표

2021 CJ LiveCity ARENA 개발사업
2021 화성동탄2 A93BL 주택건설사업
2020 파주 운정신도시 A40BL 주택건설사업
2020 천현충현 생활문화 아카이브 구축
2019 ZEMCH International Design Workshop
서울시 성곽마을 행촌권 도시기록화사업 외 다수

과거와 현재

과거와 현재를 이어주는 매개체 중 가장 보편적이고 대중적인 인쇄결과물인 종이책과 전자책(e-book)은 축적된 시간이 남기는 의미와 진리를 여러 각도에서 반추하기 위한 반드시 필요한 작업이다. 글과 사진이 잘 조합된 책은 학술적 연구의 베이스뿐 아니라 예측이 어려운 미래를 위한 프로세스 구축을 하는 훌륭한 기록으로 오랜 시간 남게 된다.

가장 사실적이면서도 가장 보기 좋아야 하는 이면적 작업인 편집은 무엇보다 구도심에 대한 이해가 필요하다. 먼저 인물과 골목길에만 있는 변수를 감안한다. 쉼 없이 지나가는 차량을 피해 촬영이 익숙치않은 주민들의 자연스러운 표정과 상황이 담긴 사진이 적절히 배치됨은 물론, 복잡한 골목길의 아름다움을 유추하게 하고 주민들의 삶이 담겨있는 건물 입면을 보여줘야 한다. 그 뿐만 아니라 골목기록가를 위한 많은 활동과 이벤트를 생생하게 전달해야 한다.

 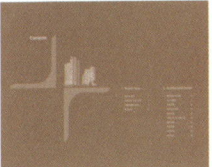   

목차와 그래픽작업

가장 우선해야 하는 작업은 각 장별 목차를 구성하는 것이다. 불특정 다수를 위한 목차는 과거뿐 아니라 현재도 담고 있어야 한다. 각 장마다 이해를 돕는 이미지를 배치하여 시각적 흥미를 유발한다. 이때 유의할 점은 전문성이나 부연설명에 치중할 경우 기록이 가진 당의성이 희석되기 때문에 그래픽작업으로 이해를 돕는다. 그래픽작업은 도면작업과 다이아그램으로 나뉜다.

실측으로 완성된 CAD 도면에 매핑 작업으로 하나의 골목길을 만드는 도면작업은 도면에 생명을 불어넣는 작업이다. 실측할 때 찍은 사진이 도면작업의 베이스가 되며 마을길 이미지를 구축하는 가장 중요한 소스이다. 도면작업 시 주의할 점은 캐드작업파일을 깨지지 않게 일러스트로 옮기는 일이다. 일러스트로 변환한 후 포토샵에서 실제와 비슷한 재질로 매핑한다. 매핑시에는 재질감과 입면에 높낮이를 감안하여 그림자 표현을 하면 더욱 더 생생한 실제와 같은 입체감을 살릴 수 있다.

또한 글만으로는 전달이 어려운 내용을 다이어그램 작업을 통해 이해를 돕는다. 작업 시 고려해야 할 것은 색과 서체이다. 일관되고 통일감있는 색을 사용하여 상징적이고 시인성 높은 이미지를 전달한다. 신삼마을 골목기록가에 사용된 파란색은 비행기가 항상 함께하는 동네의 특성을 상징하며 파란 하늘을 연상시킨다. 서체는 고딕계열의 본문서체와 제목서체로 나뉘는데 가독성을 높이기위해 적정한 크기와 장평, 자간을 고려하며 작업한다.

특히 노후도가 높은 골목길의 경우 골목기록가와 구술자의 평균연령이 높기 때문에 더욱 더 가독성이 중시된다.

작업결과물

마을기록가의 기반이 된 책인 한국의 골목기록-부제 1970년대의 흔적을 찾아서-는 서울에서 가장 다양한 양식의 주택들이 혼재하는 1970년대 철거민 이주대책지역으로 선정된 양천구 신월3동에 대해 숭실대 도시재생연구팀의 5년간의 연구가 담긴 책이다.

기록화 연구는 단기간에 이루어질 수 없고, 지역 내에 거주하면서 일정기간 동안 지속적으로 기록해야 하며, 지역 주민뿐 아니라 누구나 찾아볼 수 있는 마을기록시스템을 구축하기 위해 지역 내 스마트리빙랩을 통해 구현하는 과정이 담긴 책이다. 이를 위하여 골목의 특수성을 방사형 선으로 도식화하여 표지를 디자인하였고, 신비로움을 주는 보라색을 주조색으로 하여 골목기록에 대한 호기심을 유도하였다. 특히 골목의 특징을 잘 드러나게 하기위하여 목차를 블록별로 배치하고 매핑된 입면을 하나의 아름다운 그림으로 보이기 위한 스케치작업도 병행하였다. 또한 골목의 다양한 뷰를 넣기 위해 방대한 양의 사진을 사용하였다.

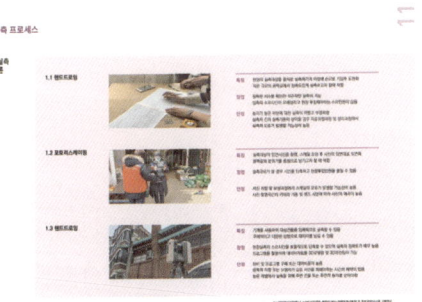

Website & Social Network Service

6

웹사이트와 SNS

최종석 _웹소드 대표

http://websode.com/
케이킴 WEBSITE
노이하이트 WEBSITE
그린리모델링챌린지
중앙대학교 중앙건축전 외 다수

웹사이트와 SNS의 장단점

상업적이든 공익적이든 어떤 사업을 수행할 때 우리는 그 사업을 홍보하기 위하여 여러가지 홍보 수단을 생각하게 됩니다. 그 결과 필수적 수단으로 현재 사용되고 있는 것이 웹사이트와 SNS입니다. 웹사이트와 SNS는 가지고 있는 성격이 서로 다른 만큼 사업의 목적에 따른 활용도 측면에서도 많은 차이가 있습니다. 그렇기 때문에 서로의 단점을 보완하기 위하여 두 가지 서비스를 동시에 활용하는 경우도 많습니다.

웹사이트에서 가장 중요한 것은 무엇일까요? 컨텐츠(양질의 정보)라고 생각됩니다. 화려한 시각적 효과와 미려한 디자인은 단지 컨텐츠를 효과적으로 전달하는 수단일 뿐입니다. 사업의 주체는 웹사이트를 만들면서 항상 궁극적인 목표로 사용자에게 자신의 컨텐츠를 전달하고 이와 함께 동시에 웹사이트에서 활발

한 커뮤니티 활동이 발생하길 원합니다. 하지만 생각처럼 쉽지는 않습니다. 우수한 컨텐츠는 노력에 따라 가능하지만 활발한 커뮤니티 활동은 생각대로 되지 않는 경우가 거의 대부분입니다. 웹사이트의 성격이 일방적 정보 전달 매체이기 때문입니다. 그 부족한 면을 채우기 위하여 SNS를 함께 활용합니다.

SNS는 사용자가 참여하기 쉽고 양방향 소통이 가능하며, 거의 실시간으로 정보를 전달할 수 있는 장점이 있습니다. 사용자들의 즉각적인 반응도 확인할 수 있습니다. 사업 주체와 사용자간의 친밀한 관계를 유지하는데 효과적인 수단입니다. 홍보 활동도 웹사이트에 비해 월등히 우수합니다. 그러나 역시 한계도 있습니다. 자세한 정보의 전달이라든지, 정보의 체계적인 저장이기는 측면에서는 역시 한계가 있습니다.

리빙랩 운영과정에서 웹사이트의 역할

리빙랩 사업은 우리가 살고 있는 주변의 아주 친밀하고 다양한 유형, 무형의 컨텐츠를 생산하는 사업입니다. 따라서 성공적인 웹사이트 운영을 위한 필요조건을 충족하고 있다고 할 수 있습니다. 이렇게 생산된 컨텐츠를 얼마나 효과적이고 안정적으로 지속 가능하게 기록하고 저장하느냐 하는 것이 웹사이트의 1차 목적이고, 얼마나 잘 전달하느냐가 2차 목적이 될 것입니다.

여러 리빙랩 사업별로 기록원에 의해 생산된 1차 자료, 연구원에 의해 검수된 2차 자료를 넘겨 받아 최종적으로 웹사이트에 기록할 자료를 가공하는 과정에서 방대한 자료를 어디에 배치하고 어떻게 편집하면 사용자가 가장 쉽고 빠르게 접근하고 효과적으로 내용을 이해할 수 있을 지에 대하여 많은 고민이 필요합니다. 기록원들과 연구원들의 노력이 최종 결과물로 나타나는 한 형태이자 사업을 홍보하는 수단으로서의 웹사이트는 인쇄 출판물과 달리 언제 어디서든 접근이 가능하기 때문에 더욱 더 그 의미와 역할은 크다고 하겠습니다.

그러나 위에서 언급하였듯이 웹사이트만으로 온라인에서 필요로 하는 본 사업의 모든 목적을 수행하기에는 분명한 한계가 있기 때문에 SNS를 통하여 부족한 부분을 보완해야 할 것입니다. 두 매체의 적절한 활용이 사업의 성공적 운영에 필수적인 요소라고 하겠습니다. 자료의 기록과 보관, 자세한 열람은 웹사이트에서, 구성원들의 소통과 일정 알림, 새로운 소식의 빠른 전달 등은 SNS를 통하여 공유한다면 리빙랩 사업을 더욱 더 효과적으로 운영하고 홍보할 수 있을 것입니다.

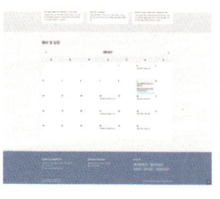

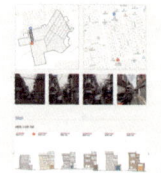

시스템, 화면구성과 컨텐츠 구성

생활문화기록화 리빙랩부터 시작하여 사회문화기록화 리빙랩, 관리운영기록화 리빙랩, 역사문화기록화 리빙랩까지 다양하고 방대한 사업에 대비하기 위하여 우선 웹사이트의 확장성과 관리의 편리성에 많은 비중을 두었습니다. 사업별로 생산되는 컨텐츠의 형식도 다양하며, 차후 사업엔 어떤 컨텐츠가 어떤 형식으로 생성될 지 모르는 상황에서 웹사이트의 초기 제작 방향성을 잘 못 잡으면 향후 돌이킬 수 없는 결과를 초래할 수 있기 때문입니다.

우선 기본 시스템으로 워드프레스(Wordpress)를 사용하게 되었습니다. 워드프레스는 세계적으로 가장 많이 사용되는 콘텐츠관리시스템(CMS, Content Management System)으로 다양한 컨텐츠 형식에 대비할 수 있고, 필요한 기능을 플러그인을 통해 추가할 수도 있으며, 전문적인 웹에 대한 지식이 없어도 컨텐츠 생성이 워드 프로그램을 사용하듯 비교적 쉽습니다.

리빙랩 웹사이트의 목적이 기록의 저장과 정보의 전달이라는 측면에서 디자인은 최대한 간결하게 하며, 화면의 구성은 일반적인 웹사이트에서 가장 많이 사용하는 상부 단일 네비게이션을 사용하였고, 각 사업별 하위 메뉴 구성도 거의 동일하게 하여 사용자들이 쉽고 빠르게 웹사이트의 구조를 파악할 수 있도록 하였습니다.

데스크탑보다 모바일 환경이 더 중요시되는 현재 상황에서 반응형 웹 디자인(Responsive Web Design)을 적용하여 하나의 웹사이트 구축으로 모바일 환경에서도 모든 정보에 접근이 가능하도록 하였습니다. 구글 등 검색엔진은 모바일 환경에 최적화된 웹페이지를 검색 결과 상위에 노출합니다.

기록물을 편집하고 홍보할 때 유의사항

　다양하고 방대한 컨텐츠를 생산하고 관리할 때 가장 중요한 것은 일관성이라고 생각됩니다. 각 리빙랩 사업별로 컨텐츠의 형태가 다를 수는 있지만 한 사업의 카테고리 내에서는 컨텐츠의 형태가 일관된 형식를 유지하는 것이 좋습니다. 그래야만 컨텐츠를 효율적으로 생산, 관리할 수 있고 사용자 경험의 측면에서도 더욱 더 익숙한 웹사이트 사용이 가능합니다. 크게 이미지 기록 자료과 구술 기록 자료 두 가지로 생산되는 컨텐츠에 대한 일관된 형식은 기록자, 편집자, 사용자 간의 약속이라고 할 수도 있습니다.

　가장 기본적인 사항이지만 최종적으로 웹사이트에 게시되는 기록은 본 사업의 공식적 기록이라는 점도 잊지 않아야 하겠습니다. 이미지 한 컷, 말 한마디가 모여 본 사업을 더욱 더 풍부하고 소중하게 만들어가기에 날 것의 자료를 다듬고 편집하여 게시하는 데에도 많은 노력을 기울여야 하겠습니다. 구술 기록의 맞춤법, 띄어쓰기, 부호의 사용, 줄바꿈, 단락 구분 등 가장 기본적인 것에서부터 인상적인 이미지 컷, 이미지 기록의 효과적인 그래픽 사용에 이르기까지 어떻게 하면 좀 더 효율적이고 신뢰감 있게 정보를 전달할 수 있을지 고민해야 하겠습니다.

웹사이트에 사용되는 이미지

웹사이트를 제작하면서 다양한 형태의 이미지를 사용하는 경우가 많이 있습니다. 리빙랩 웹사이트에서도 상당히 많은 이미지가 사용되고 있습니다. 사용 용도에 따라 옳바른 이미지를 사용한다면 좀 더 효과적으로 정보를 전달할 수 있을 뿐만 아니라 웹호스팅의 리소스를 절약할 수 있어 경제적으로도 도움이 됩니다. 간단하게 몇 가지 팁을 소개합니다.

1. 웹사이트에 게시되는 이미지는 기본적으로 RGB 모드여야 입니다. CMYK 모드는 인쇄용입니다. CMYK 모드 이미지를 웹사이트에 올리면 색상의 왜곡이 심하게 일어날 수 있습니다.

2. 인물이나 풍경 사진과 같은 경우 JPG 포멧의 이미지를 사용하고, 도면처럼 날렵한 선이 그대로 보여지길 원하는 경우 PNG, GIF 모멧의 이미지를 사용합니다. 사진 이미지를 PNG 포멧으로 저장하면 용량이 커질 수 있고, 도면 같은 이미지를 JPG 포멧으로 저장하면 선이 뭉개질 수 있습니다. 표현의 효과와 용량의 절충점을 찾는 것이 중요합니다.

3. 사진 촬영의 경우 충분한 여유 공간을 두고 촬영합니다. 웹사이트에 촬영된 그대로의 이미지(Raw Image)를 올리는 경우는 거의 없습니다. 어느 정도 편집과 보정의 과정을 거치면서 필요없는 부분을 잘라내기도 하는데 여유 공간이 없으면 편집자가 이미지를 사용 용도에 맞게 편집하기에 상당히 곤란한 경우가 발생할 수 있습니다. 상하좌우 약 1/3 정도의 여유 공간를 두고 촬영을 하시기 바랍니다.

4. 웹사이트에는 다운로드 용도의 이미지가 아닌 한 필요 이상으로 크기가 큰 이미지를 사용하지 않고 최적화된 이미지를 사용합니다. 웹호스팅의 거의 모든 리소스는 이미지가 차지합니다.

5. 의미없는 파일명보다는 적당하고 일관성있는 파일명을 작성합니다. 검색엔진의 검색에도 도움이 되고 웹사이트의 자료 관리에도 노움이 됩니다.

CHAPTER 5

40분의 인터뷰

5.1 겨울(2,3월)
5.2 봄(4,5,6월)
5.3 여름(7,8월)
5.4 가을(9,10월)

2월 박목례
유순님
임윤성

3월 박은미
김미자
김영옥
양복희
이미화
유정은
한유진
채재경
하영선

4월 박세원
정기령
남지우
박하람
안지민
전춘옥
정현진

5월 김정란
오명숙
오정순
조기원
홍미희
박은희

6월 최영주
김진영
강향순
진우택
이문자
장진숙
민이숙

7월 오영석
한길자
한혜련
정규봉
이수영

8월 신복동
정원모

10월 김길주
양순례

February
2月

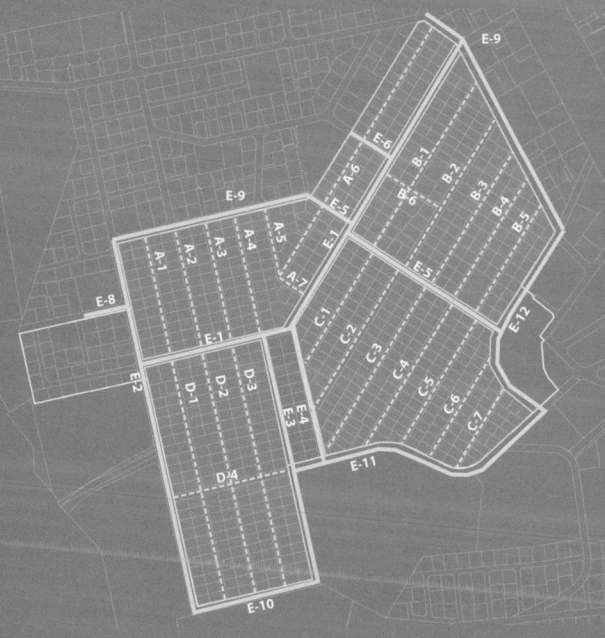

임윤수

_ 청수탕 주인 인터뷰

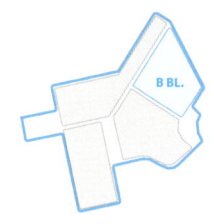

면 담 자	김희정, 윤주능, 정지원
면담대상	임윤성(1954년생)
거주이력	청수탕 주인
거주지주소	남부순환로42길 17

> " 이 지역 주민들은
>   모두 가족들이에요.

청수탕에 대한 여러 이야기들을 편하신대로 이야기해주셨으면 합니다.

이 청수탕은…준공한 날짜가 1984년 10월달입니다. 그렇게 따지면 2021년이니까 햇수로 37년이 된 건물이죠. 오로지 그냥 목욕탕으로만 운영됐던 건물입니다.

자금의 문제나 IMF로 인해 경제적인 타격은 없으셨나요?

운영하는데는 그렇게 어려움 없었어요. 주민들이 많이 이용을 해주시고 또 주변에 목욕탕이 없기 때문에 운영하는데 큰 애로사항을 못느꼈습니다. 큰 돈 벌려고 들어온건 아니고 사실은 당시 재개발 얘기가 있었기 때문에 들어왔었습니다.

23년동안 운영하시는동안 굉장히 많은 일들이 있으셨을텐데, 기억나는 그런 일들이 있으실까요?

목욕을 끝나고 이제 현관을 나가는 손님들이 '아~ 시원하다', '아~ 개운하다' 하면서 나갈때가 참기분이 좋아요. 그 기분은 겪어보지 못하면 못느껴요. 다른 사람들은 잘 못느껴보는 그런 뭐랄까 보람이랄

까. 나도 덩달아 시원하고 기분 좋은 그런 느낌을 받았어요.

그 자리 카운터를 지킨다는게 어찌보면 자리를 뜨지 않고 계속 지켜야 하는거잖아요. 이거는 건물 자체가 목욕탕 건물이기 때문에 목욕탕 말고는 다른 가게를 하는것이 조금 어렵습니다. 그런데 이제 수명이 너무 오래됐기 때문에 다시 짓고 다시 하기에는 시

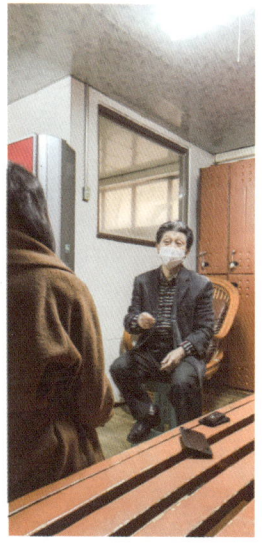

장성이 너무 없어요. 마침 시에서 주민들위한 시설을 쓴다고 하길래 두말하지 않고 미련없이 정리를 했습니다. 또 대형목욕탕이 생겨나면서 동네에서 쓰는 이런 목욕탕들에 대한 퀄리티가 너무 낮아지는 거예요. 그래서 이 목욕탕을 유지할 수 있는 한계가 지금 넘어가있는 상태입니다.

자제분들은 어떻게 지내시나요?
아들 하나 있고 장가가고, 또 손녀딸이 하나 있는데 지금 또 뱃속에 또 손주놈 하나가 크고 있습니다. 3월달이면 나옵니다. 허허허

자제분은 이 청수탕과 어떤 기억이 있으실까요?
그렇죠 아들이 여기에 중학교 때 왔으니까 여기에서 고등학교를 다니고 대학교까지, 아 대학은 다른데서 기숙사에서 다니고.

아드님은 매각하는 것에 대해서 어떤 의견을 얘기하시나요?
아들은 상당히 긍정적으로 생각합니다. 왜냐하면 여기 매여있는 부모가 불쌍하죠 사실은. 좀 쉬실때도 됐고…아들은 파는거에 대해 아쉬워하는 건 없습니다.

주변 24시간 찜질방도 생기고 했다고 하셨는데. 청수탕에 그래도 계속 오시는 주민들이 있나요?
그럼요 그분들한테 고맙죠. 여기가 지역 주민들을 위한거기 때문에 말하자면은 거의 가족들이죠. 손님들끼리는 전부 언니동생하고 그런식으로 거의 모르는 사람이 없이들 이용을 하죠.

카운터에서 하는 그거 이외에도 주차 관련해서도 굉장히 많이 고생을 많이 하셨겠어요.
어쩔수가 없어요. 주차 때문에…지금 이 앞으로도 차들이 다니는 길인데 요 앞에 대문도 막아놓는 일이 비일비재하고…목욕탕 앞에 개인 주차장이 있지만 그거를 못씁니다. 거기를 쓰려면 몇 대의 차가 희생을 해야합니다.

청수탕을 운영하시면서 가장 23년 운영하시면서 가장 큰 위기라면 어떤게 있을까요?
지금이 가장 힘든거같습니다…IMF도 잘 넘어갔는데 사실은…집사람이 직장생활했기 때문에 도움은 좀 되기는 했지만, 목욕 요금이 다른 물가 상승률에 비해서는 턱없이

낮은것도 한몫하는거같구요.

23년동안 운영하셨음에도 가장 큰 위기가 이 코로나인가요?
그때 당시에는 그래도 그게 마진 폭이 4000원정도 했었어요. 그 시절은 손님들이 설날 명절 때 옷장이 모자라서 저 위에 바구니를 10개 놨나 했습니다. 왜냐면 이 지역이 그 시절에는 보일러들이 없었어요. 그런데 이거 이 코로나는 내가 느끼는걸로는 그때와는 비교가 안되는 것 같습니다.

기존 주민들이 잘 안오시는거군요.
인구가 늘은 적이 없어요. 동사무소 통계를 보시면 알겠지만은 유입하는 인구가 없고 자식들이 여기서 낳아서 성장해서 시집장가를 가도 이쪽으로 들어와서 살지는 않습니다. 그냥 견디면서 사는거죠.

견뎠다고 표현을 하시는 이유가 있나요?
어른들은 그래도 집은 작아도 월세가 싸다보니 오래 사셨

어요. 근데 비행기소음때문에 이쪽 동네 사람들이 목소리가 상당히 커요. 좀 언성이... 톤이 조금 높습니다. 그거는 뭐...이쪽에서 사는 사람들끼리만 아는거죠. 사실 어쩔수가 없어요. 큰 비행기들이 떴을 때 그 소음은 안 살아본 사람들이 오면은 못견딜거예요. 그런데 오래살면은 그것도 이야기거리가 되서 '아이 또 지나가네..'이러고 말아요. 사람은 강한 것 같아요. 진짜 사람은 강한 것 같아...

청수탕을 23년동안 운영하시다 떠나시는데 가장 아쉬운점은 어떤게 있으실까요?

이렇게 오래되고 낡았는데 그동안 이용해주신 주민들이 고맙죠. 세상은 빠르게 변하지만 그대로 불편한 노인네들...여기 거동이 불편한 노인네들이 많습니다. 그냥 잠옷 바람으로도 오실정도로 가깝게 오시던 분들이 이제 없어집니다. 이 불편한 노인네들 때문에 미안하죠 사실. 그거는 마음에 걸립니다 아주. 마음에 걸리죠 아주...

신월3동에 골목에 그러면 가장 필요한게 있다면 어떤게 있다고 생각하시나요?

방법은 도로를 넓히는 것이 우선적이지만, 그거는 불가능

하다고 생각을 합니다. 주민들이 원하는 일은 지금하는 것처럼 주민들이 쉴 수 있거나 자존감을 좀 올릴 수 있는 그런 것들이 생긴다면 좀 위로가 되지 않을까 싶어요.

자존감 높이는 거는 어떤게 있을가요?
이 지역이 다른 지역보다 낙후되지 않았다는 것을 보여주는게 그게 중요하죠 사실은.

앞으로 신삼마을 골목이 좀 어떻게 됐으면 좋겠다는거 있으실까요?
결론적으로는 재개발을 하는 것이고, 이게 그동안에 오래 고통받고 힘들었던 시억 수민들에게 주는 위로라는 생각이 듭니다.

23년 동안에 이 청수탕을 찾아주셨던 주민분들과 있었던 이야기들이 궁금합니다.
그거는 나는 남자라서…남자들은 별로 그런게 없어요. 근데 이제 여탕에서는 그런 뭐 자식 얘기나 가족얘기들을 하면서 소곤소곤하곤 했는데, 사실 뭐 집사람도 직장생활 계속했기 때문에 퇴근하면 여기도 문 닫습니다. 그래서 잘은 모르겠습니다. 허허

매일 새벽 4시반에 사장님께서 문을 여시는건가요?
에. 내기 맨닐 열었습니다. 그러다 이제 지쳐서 5시반, 5시로 더 늦어졌지만, 영업 끝날 때까지만 해도 5시반에는 무조건 열었고, 처음에 한 10년 넘게는 4시 반에 꼭 문을 열었습니다.

네. 오늘 정말 청수탕 관련해서 많이 얘기를 해주셔서 큰 도움이 되었는데요 혹시 마지막으로 해주실 말씀이 있으실까요?
다했는데…허허허. 하여튼 그 마지막으로 **그동안 긴 세월 청수탕을 이용해주신 주민들께 너무나 깊은 감사말씀 드린다고 그게 마지막 말입니다.**

박목례
_주민자치 의원

면 담 자	김승연
면담대상	박목례(1951년생)
대상약력	주민자치 의원(신월3동 30년 거주)
거 주 지	과거 : 183-3호 / 현재 : 코아루 아파트

과거 거주하셨던 183-3호에 대한 골목길과 관련해 생각나는 기억, 경험, 사건이 있으실까요?

저희가 맨처음에 183-9호에 이사를 왔는데, 86년도에 이사를 왔을 때만 해도 완전히 시골이예요. 그리고 183-3호에 와도 대문을 안 잠갔어요. 그때는 3층이나 2층으로 와도 여름에는 현관문도 안 잠가요. 도둑이나 그런 건 생각지도 못했죠.

> **우리 마을 사람들은 아직도 마음들이 순수해요.**

도둑도 안 들고 좋은 기억이 실 것 같은데 신삼마을에서는 어떤 의미가 있으실까요?

아직도 마을 사람들은 마음들이 순수하고 순수해서 이사를 가고 싶은 생각이 전혀 없어요. 여기가 너무 좋은 거야. 총장도 하고 새마을 부녀회장도 하고 지금은 주민자치의원을 하고있어요. 주민자치회로 거기 참여하고 봉사도 꾸준히 하고 있어요.

자제분들은 어떻게 지내시나요?

아들만 둘이요. 지금은 결혼해서 183-3호에서 3층, 2층에 살고 있어요. 저희가 나가 줬죠. 손주들 키워주느라고. 손주들은 하나는 12살 하나는 4살.

또 다른 좋은 기억이 있으실까요?

지금 우리 손녀가 양원초등학교 5학년 올라가는데 4학년 때는 24명 두 반 밖에 없었어요. 너무 젊은 사람들이 다 떠나고 어르신들만 남아가지고 젊은 사람들은 없어서…젊은 사람들이 많이 들어와야 하는데 많이 안타까워요.

지금 현재 신산마을 골목에 필요한 게 젊은 사람들이랑

"아직도 마을 사람들은
마음들이 순수하고 순수해서
이사를 가고 싶은 생각이 전혀 없어요.
여기가 너무 좋은 거야."

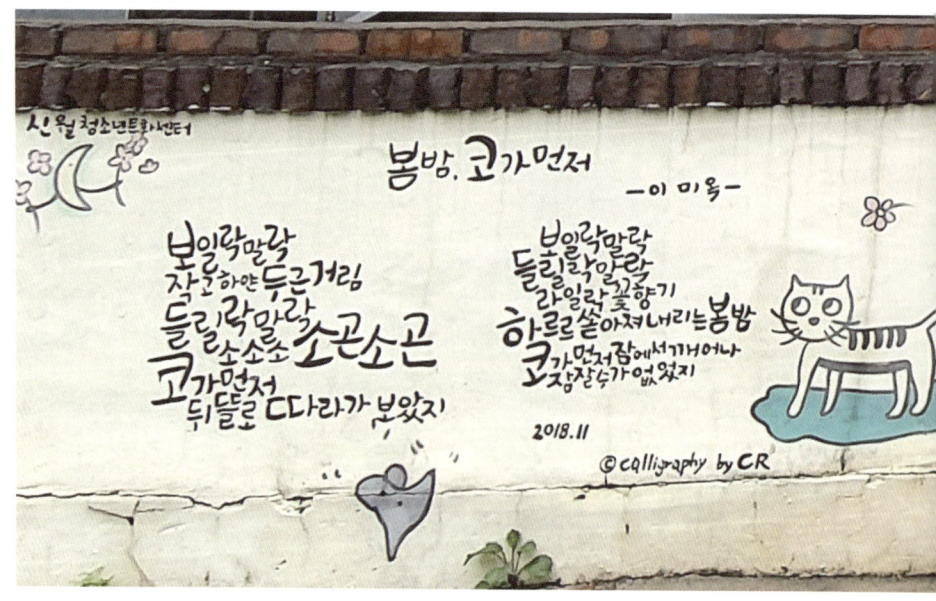

또 무엇일까요?

주차장이 가구 수에 비해 작은 편이라, 주차장이 많이 생기기는 했지만 부족해요. 골목길은 좀 넓혀서 제 생각이지만, 골목 한 줄을 쭉 사서 골목길을 좀 넓히면 좀 차도 많이 좋아지지 않을까…또 신월3동 시장이 다 죽어서 막상 나가면 어디 한 군데 살 수 있는 데가 없어요. 고바우 마트가 있을 때는 못 느껴졌는데 막상 이사 가고 나니까 너무 아쉬운 거야…큰 마트 이런 게 들어왔으면 좋겠어요.

또 자제분들 어렸을 때 다른 기억은 없으세요?

애들 어렸을 때 살레시오 거기를 개방해 놓았어요. 지금은 개방을 안 해 놨는데 그때는 개방을 해 놓아서 저희도 거기 가서 운동도 하고, 애들도 거기 농구도 하고. 골대 많이 해 놓아서 눈이 오면 눈싸움도 하고 뒹굴기도 하고. 제가 시골에서 살다 왔는데 전혀 손색이 없을 정도였어요. 지금은 많이들 각박해졌잖아요. 예전에는 애들 데리고 가면 어른들이 예쁘다고 쓰다듬어 주고 했는데 지금은 안되죠. 그래서 내가 요즘 손주를 포대기 씌워서 시장길을 가니까 사람들이 포대기 둘러서 애기 업은 할머니 처음 봤다고도 그래요 하하. 근데 요즈음에는 유모차 끌고 가는 사람들도 없는 것 같아요. 점점 사라졌어요. 안타까워요.

유순 _거주민 인터뷰

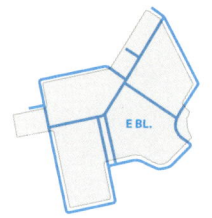

면 담 자	김억부
면담대상	유순(1939년생)
거주이력	신월3동 37년 거주민
거주지주소	남부순환로42길 17

> " 물을 얼려놨다가
> 배달원들에게 한잔씩 주곤 했어요.

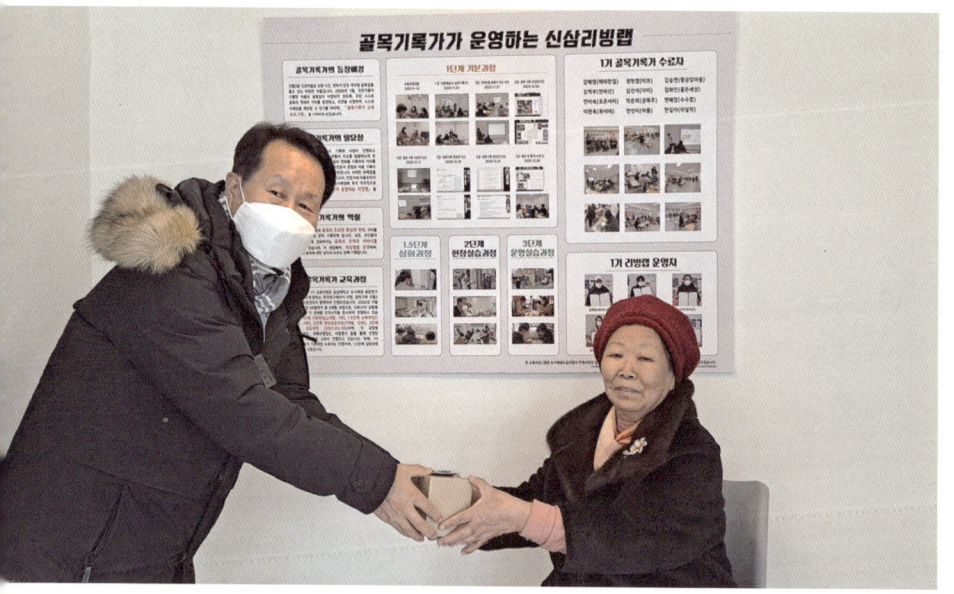

여기 마을 골목길에 관하여 생각나는 기억이나 사건 같은 것 또는 그런 사건이 혹시 있으실까요? 아니면 그런 사건이 이 동네에 무슨 의미를 가진다고 생각하시나요?

예전에 어느 집에서 저녁에 수금을 하고 돌아왔는데 도둑이 밤 늦게 가게에서 사과 박스를 짊어지고 가는 거예요. 그래서 내가 얼른 가서 그 분한테 "저 사과 들고 간다"고 하니까 도둑 잡으라고 소리를 쳤지 그 아주머니랑 나랑 둘이서. 그러니까 사과 상자를 눈밭에 탁! 던져버리는데, 그게 온 뒤에 길에 다 깔려버렸죠. 그런 경험이 있었고, 또 내가 어느 포장마차에서 수금을 하고 들어오는데 그날은 버스를 안 탔어요. 그러고서 늦어가지고 그러니까 어떤 사람이 자기 차가 있으니까 타라는거야 실어다 준다고. 그래서 신월 사거리 여기다 내려달라고 했는데, 이 차가 저 공수부대 있는 쪽 사거리로 더 가는 거예요. 불량한 마음을 먹었던가 몰라. 그러니 무서운거죠. 돈도 있고 내가. 그래서 내가 말을 했죠 "우리 아이들이 젖 먹는 아이들이 있다", 그리고 운전수 옆에 타고있는데 "창문을 열고 여기 뛰어 내릴테니까 사고가 나도 괜찮을 거냐"라고 그 사람한테 그랬어요. 그러고 나니까 나를 딱 실어다 주더라고요 그래서 모면을 했죠. 이 두가지 경험이 제일 생각이 납니다.

또 다른 기억나는 기억이나 사건이 있으실까요?

마을에 다니면서 내가 계모임 왕주를 했었죠. 그러니까 이 동네 가난한 사람들이 진짜 떼거리도 없이 꼭두새벽에 우리 집 문을 두드리고 옵니다. 쌀이 떨어졌다고 하면 우리 쌀독에서 쌀을 퍼주고, 연탄이 꺼지려고 하면 우리집에서 가져다 닦아라 그렇게 했었죠. 그러고 나면 외상을 갖다 먹고 났으니까 또 외상을 안 줘요. 그러면 내가 보증을 서고 그 사람들 연탄이고 쌀을 다 갖다 주고. 그러고 보면은 내 말을 듣고 연탄을 다 줘요. 내가 돈을 갖고 움직이기 때문에. 계 오야 하면서 먹고 살았었죠.

그 전에 양천구가 아니고 강서구일 때 봉사활동도 많이 하셨다고 그러던대요.
봉사활동은 그 때는 어려웠어요. 어려워서 살다보니까…아마 봉사활동은 처음에 공공근로가 시작했을 때가 양천구가 되었을 때인 것 같은데. 그 때는 어디서 누가 김치 한 조각을 안 줘요. 어려운 사람이 많으니까. 그런데 공공근로 하는 총각들 둘이 해마다 몇 년을 김치를 굴 박스에 담아서 나눠줬어요. 지금도 양천우체국에서 여기 신월3동에 들어오시던데, 내가 다가구로 집을 지어가지고 살았어요 예전에. 그 때 배달부들이 목청 크게 사람을 불러도 사람들이 없고 안 나오고 그러잖아요. 그러면 내가 물을 얼려 놨다가 그 배달부들한테 하나씩 줬죠. 지금도 그냥 고맙게 인사하고 다니니까 그런 것을

했었죠. 내가 돈이 있어서 많이 해주고 그런 것은 없고. 또 그때는 복지가 아무것도 없을 때라, 노인들 놀이터에 와서 앉아있으면 고강동에서 거래하던 들깻잎 같은 걸로 김치를 담가서 노인들에게 나눠줬죠. 그 외에는 못했어요.

이 골목에, 이 동네에 지금 가장 필요한 것은 뭐가 있을까요?
지하철! 지하철이 제일 필요하고 주차장이나 뭐 그런 것… 왜냐하면 그래야지 외지에서 사람들이 들어오니까요.

만약 지하철이 들어오면 앞으로 골목은 어떻게 변화될 것 같으세요?
일단 지하철이 어디에서 넘어오는지를 알아야겠죠. 그리고 지하로 들어와야지 위로 오면 신월3동에 피해가 있을 것 같아요. 그렇게 해서 지하철이 들어오면 여기 길이 생기고 그러면 마을이 살아나겠죠.

또 마을 발전에 대한 생각이 있으실까요?
내가 이 전에 여기에 와서 재생 사업을 한다고 모임을 처음 할 때 구청장하고 모임을 가졌어요. 여기 신월3동을 완전히 발전시키려면 관악산까지 둘레길을 싹 만들어야 한다고 했죠. 둘레길을 만들어서 SOS마을 자리에다가 한옥을 크게 만들면 우리 한옥을 통해서 발전을 시킬 수 있다. 공항하고 가까우니까. 그리고 밑에는 쭉 상가니까 보따리 상가들을 만들고 가운데는 그 때 맞춰서 하라고 그랬죠.

"예전에. 그 때 배달부들이 목청 크게 사람을 불러도
 사람들이 없고 안 나오고 그러잖아요.
 그러면 내가 물을 얼려 놨다가
 그 배달부들한테 하나씩 줬죠.
 지금도 그냥 고맙게 인사하고 다니니까
 그런 것을 했었죠."

March
3月

박은미 _거주민 인터뷰

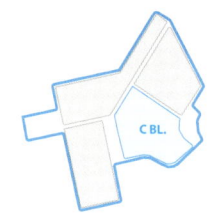

면 담 자	김승연
면담대상	박은미
거주이력	신월3동 40년 거주민
거주지주소	남부순환로52길 46

" 우물에 빠진걸 어른들이 빼주셨죠."

어렸을 때 신삼마을 골목에 대한 기억은 어떠셨나요?

어렸을때에는 여기가 도랑이 많았어요. 도랑에서 놀다가 자주 빠지기도 하고, 그래서 어머니께 혼났던 생각도 나요. 그리고 옛날에는 텃밭이 많이 있으니까 아무데서나 오이도 뽑아먹고..어르신들한테 서리한다고 혼났던 기억도 있네요. 그 때는 처음에는 혼내셔도 나중에는 더먹어 더먹어 하시면서 뽑아주시기도 했고 참외나 앵두같은 과일도 많았고 아카시아 꽃도 따먹었던 그런 추억들이 많은것 같아요.

현재 골목길에 대해서는 어떻게 생각하세요?

지금 골목은 삭막하고 이웃 간에 대화가 없고 누가누가 사는지도 모르고....옛날에는 숟가락 몇개쓰고 젓가락 몇개가 있는지도 다 알고 지내고 했었죠. 지금은 노령화가 되어서 독거노인 분들이 돌아가셔도 며칠 후에나 발견될 수 있는 그런게 좀 안타까운 마음이 들어요.

골목에서 나는 이렇게 놀았다! 하는 기억이 있으신가요?

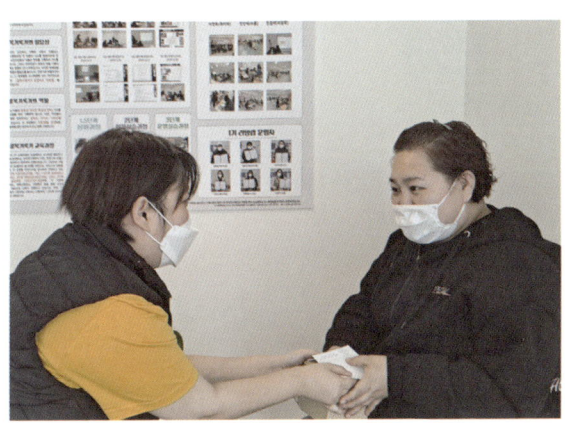

좋은 기억이 너무 많죠. 옛날에는 초인종을 누르고 도망가기도 하고. 골목에서 물싸움을 하기도 했죠. 호스를 길게 뽑아서 골목에 바구니 하나씩을 다 놓고 속옷바람으로 들어가서 물놀이하고 호스로 물총놀이도 하고...그런데 요즘 애들은 핸드폰 보면서 그냥 가기 바쁘고 어른들을 봐도 인사도 안하고 하는거 보면 참 안타까워요. 요즘 애들이 노는것도 모르고 그렇잖아요? 골목에 정도 없고 추억이 없어지는게 참 안타까워요

예전에는 약방과 우물도 있었다고 하시던데 그런곳과 관련된 추억이 있으신가요?

옛날에, 우물을 보면 자기 모습이 비추잖아요, 저기 왜 내가 있어 그러면서 보다가 우물에 빠진 적이 있어요. 우물이 그렇게 깊지도 않았고, 우물 근처에 술이랑 막걸리를 드시던 어르신들이 많이 계셔서 빼주셨었죠.

골목에, 이 동네에 지금 가장 필요한 것은 뭐가 있을까요?

골목에 좀 자유롭게 젊은 사람들이 활동할 수 있는 공간이 있었으면 좋겠어요. 정부에서 지원해주는 공방같은 곳도 있었으면 좋겠고요. 독서실같은 곳 책도 빌릴수 있고..그런 공간을 카페같이 만들어서 커피 한 잔 마시면서 책을 읽을 수 있는 곳이 있으면 좋겠다 그런 생각도 했어요.

김미자
_거주민 인터뷰

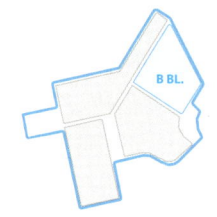

면 담 자	강혜영
면담대상	김미자
거주이력	신월3동 46년 거주민
거주지주소	가로공원로64길 22

" 이 동네에는
3개의 여인숙이 있었어요 "

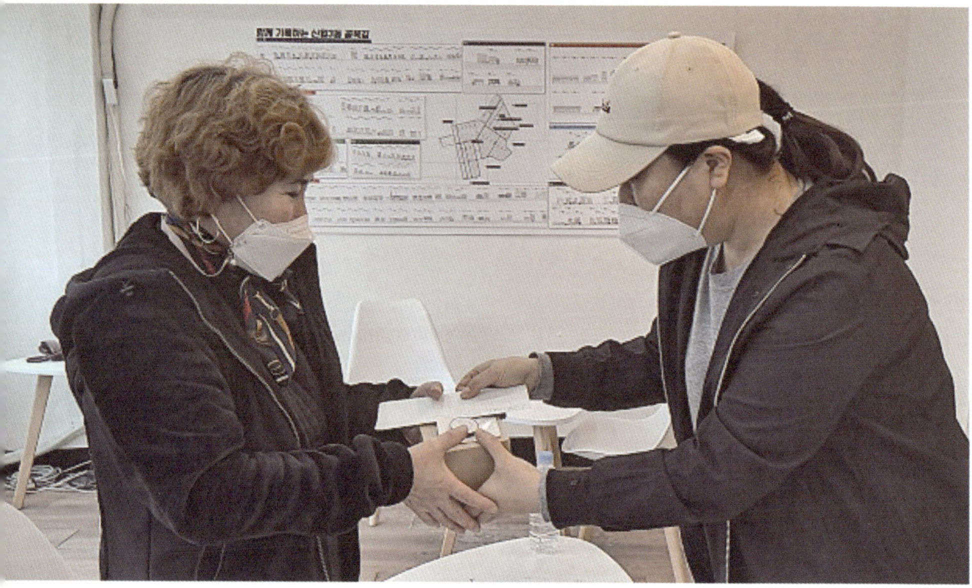

여기 마을 골목길에 관하여 생각나는 기억이나 사건 같은 것 또는 그런 사건이 혹시 있으실까요? 아니면 그런 사건이 이 동네에 무슨 의미를 가진다고 생각하시나요?

제가 이동네로 25살 쯔음에 이사를 왔어요. 그 당시에 동네에는 3개의 여인숙이 있었는데 그중 하나를 어머니께서 운영 하셨었지요. 어머니께서 여인숙 운영을 하시는 바람에 제가 동생과 가족들을 많이 챙기곤 했어요.

여인숙은 현재 어느 위치에 있었나요?

제가 사는 64길 22 이곳이 전에는 여인숙 이었어요. 그리고 메가커피 옆에 있는 건물을 올라가면 신월 여인숙이라는 곳도 있었어요. 마을 입구에 있어서 아직도 확실히 기억이 나요. 다른 하나는 청수탕 들어가는 골목 입구에 있는 오른쪽 두번째 집이 있는 곳이에요. 그곳은 초기에 재건축을 안하고 방을 임대해줬어요. 건축하시는 분들도 있고 혼자사시는 분들도 있었고 방도 같이 쓰고 밥도 지어 먹었던 기억들이 엊그제 같아요.

여인숙을 운영하시면서 기억나는 기억이나 사건이 있으실까요?

옛날에는 네루라고 불렀던 연탄을 사용했어요. 쇠꼬챙이로 잡아서 연탄을 갈아 끼우곤 했지요. 그런데 이 네루식 연탄가스가 많이 나왔어요 그래서 장기투숙 하시던 여자분이 가스 중독이 되신적도 있고... 그래도 가스가 들어가자마자 어머니가 알아차리시고 문을 열고 동치미 국물을 먹이셨어요. 그분이 호흡이 꽤

장히 가쁘고 그래서 많이 놀랐던 기억이 있네요. 어머니가 방범 위원회 일을 하셨어서 빨리 연락을 했고 방범 대원들이 와서 해결하고 돌아가셨죠

현재 신삼마을 골목에 대해서는 어떻게 생각하세요?

저는 쓰레기 문제가 제일 문제라고 생각해요. 많이 홍보도 하고 해서 할머니분들은 정리를 잘 해주시는데 아무래도 젊은 분들이 지나가다가 남의 골목에 음식물을 던지고 봉투에도 넣지 않고 그냥 가더라구요...이게 겨울은

괜찮은데 여름이되면 악취가 너무 심해져서 문제인거 같아요. 또 골목이 비좁다 보니 주차문제 때문에 시시비비가 많이 생겨요. 저희가 여러 활동을 하면서 담을 허물려는 이유중 하나이죠. 차가 지금 골목에 하나라도 세워지면 다른 차가 들어갈 수가 없어요. 이런 문제들을 좀 개선했으면 좋겠어요.

그렇다면 앞으로 신삼마을 골목이 어떻게 되었으면 좋겠다고 생각하세요?

작은 문제들이 있긴 하지만 지금의 신삼마을 골목은 아주 예쁜 골목이라고 생각해요. 앞에 사시는 김동주님이 꽃도 이쁘게 키우시고 다른 집에 사시는 분들도 잘 관리해주셔서 참 감사하게 생각해요. 우리 골목은 큰 문제없이 어르신들이 나와서 밖에 앉아 다과회도 열고, 커피도 한잔 마시고, 여름에는 아이스크림도 먹으면서 좋은 분위기를 만들어 나가는것 같아요. 저는 일을 하느라 직접 꽃을 심거나 하지는 못하지만 이번에 가꿈주택으로 집을 신청했어요. 다른 집들도 잘 관리되어서 다같이 신삼마을의 아름다운 골목에서 커피라도 한잔 마실 수 있으면 좋겠습니다.

"어머니께서
여인숙 운영을 하시는 바람에
제가 동생과 가족들을
많이 챙기곤 했어요."

김영옥 _거주민 인터뷰

면 담 자	김승연
면담대상	김영옥
거주이력	신월3동 37년 거주민
거주지주소	가로공원로60길 22-1

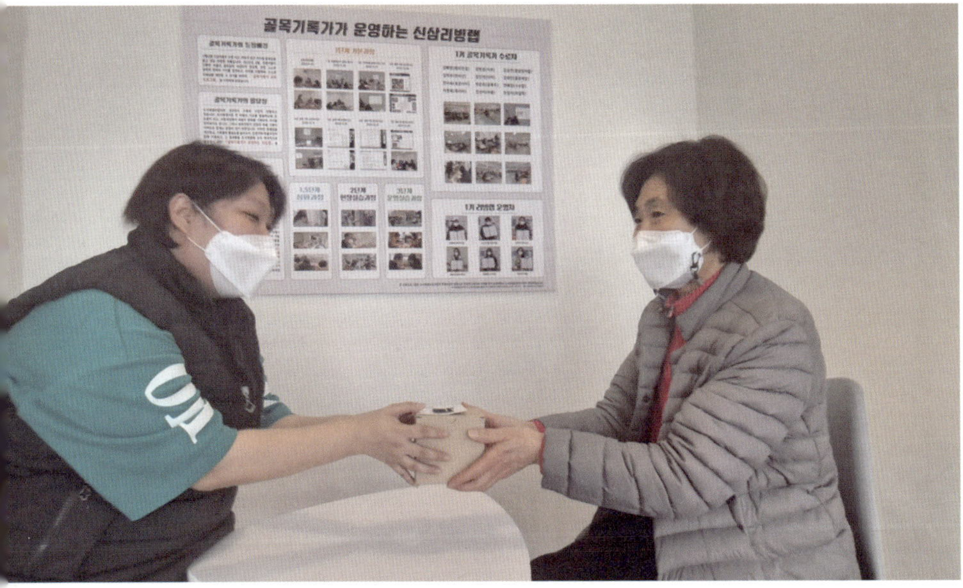

> "우물에서
> 물을 퍼서
> 식수로
> 사용하곤
> 했어요."

신삼마을 골목에 대해 어떤 기억이 있으신가요?

옛날에는 이동네의 집들은 중구에서 이주해온 판자집이었어요. 지금 있는 3층짜리 집들은 30년 전 쯤에 새로 지은 집들이고요. 그때는 판자집이라 소음같은게 방음이 안되고 다 들리고 그랬어요. 그래서 잠을 자다 보면 아주머니들이 12시 넘어서까지 이야기 하는 소리도 다 들리고...그러면 누군가 시끄럽다고 뭐라고 하기도 했지만 그래도 옛날 시골 같은 정겨움이 있었어요. 그런데 집이 들어서면서 그런게 조금씩 없어지는거 같아 아쉽네요. 얼마 전에는 10시쯤 넘어서 애기가 운다고 뭐라고 하시더라구요.

판자집에서 사시면서 불편하신 점은 없으셨나요?

불편했었죠. 현재는 모든게 다 생활하기 편리하게 지어졌지만, 예전에는 재래식 화장실에 부엌도 재래식이었어요. 부엌이 평평한 곳에 있는게 아니니 부엌에서 방으로 들어갈려면 허리만큼 높은 턱을 올라가야 했거든요. 어머니를 보다가 턱에서 또르륵 굴러 떨어지기도 했었죠.

또 다른 기억나는 기억이나 사건이 있으실까요?

골목에 집을 짓기 전에는 우물이 있었어요. 어린이 마을 앞쪽인데 번지수는 잘 기억이 안나네요.. 그쪽으로 가정집들이 있었는데 우물에서 물을 퍼가지고 식수로 사용하고 그랬어요. 집을 지으면서 그거를 다 메꿨지만요. 우물이 있을 때는 보건소 같은 곳에서

100원짜리 크기의 소독약을 주면 그걸 한달에 한번씩 우물에 넣었죠.

통장으로 일하시고 계신다고 하셨는데 어떤 일들을 하고 계신가요? 그리고 통장하시면서 좋은점이나 힘든점은 어떤게 있으셨나요?

다른 동네에는 까칠하신 분들이 많다고들 하는데 아직까지 우리동네에는 태클을 걸거나 까칠하신 분들은 없었어요. 일을 하면서 어려우신 분들을 찾아 도와드릴려고 하는데, 제가 혼자 하기에는 한계가 있고 방법을 몰라서 적십자에 가입을 해서 봉사활동을 하고 있어요. 동사무소에 도움을 요청해도 그곳에서 해주는게 한계가 있더라구요. 모든사람들을 다 도와줄 수 없고 기준을 맞춰야 하다보니 해당사항이 없으면 도움의 손길이 가기가 힘든 분들이 참 많아요. 그런분들을 조금이라도 더 돕기 위해 반찬도 만들고 기회가 될때마다 희망풍차같은것도 운영하고 하며 도와드리고 있습니다.

신삼마을 골목에 대해서는 어떻게 생각하세요?

일단 골목이 너무 복잡한것 같아요. 주차때문에 정리가 잘 안되고...요즘에는 배달 오토바이들이 너무 안하무인 돌아다녀서 위험한것 같아요. 골목에는 애들과 사람들도 있어서 조심히 가야하는데 오토바이들 때문에 늘 깜짝깜짝 놀라곤 해요. 다른 문제는 골목에 쓰레기를 제대로 안버리고 담배꽁초도 막 버리거든요. 청소하시는 분들이 아침마다 청소를 하니까 담배꽁초를 버리고 싶을까? 라고 생각을 해도 저녁에는 담배꽁초가 길에 아주 줄을 서있어요. 쓰레기 문제가 겨울에는 괜찮은데 여름에 냄새가 많이 나요. 제대로 치우지 않으면 벌레도 많이 꼬이고요.

앞으로 신삼마을은 어떻게 될 거라고 생각하세요?

일단은 좀 깨끗해 져야 할 것 같아요 주민들이 조금 더 쓰레기를 잘 분리해서 버리고요. 자기가 먹은건 자기가 수습하고 본인의 쓰레기는 본인이 깨끗하게 치웠으면 좋겠어요.

"우물이 있을 때는 보건소 같은 곳에서 100원짜리 크기의 소독약을 주면 그걸 한달에 한번씩 우물에 넣었죠."

양복희 _거주민 인터뷰

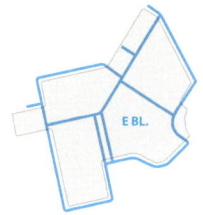

면 담 자	강혜영
면담대상	양복희
거주이력	신월3동 23년 거주민
거주지주소	남부순환로40길 69-5

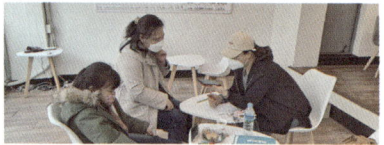

" 아이들이 마음껏 뛰어놀 수 있는
　　골목길이 되었으면 좋겠어요."

먼저 선생님 소개 부탁드릴게요.
저는 이동네에 23년을 살았구요, 결혼해서 시댁이 이쪽이라 살게 됐는데 교통이 조금 불편하긴 해도 아직까지는 살만한 동네인것 같아요.

신삼마을 골목길에 관련하여 생각나는 기억, 경험, 사건이 있을까요?
옛날에는 애들이랑 시댁 앞에서 같이 어울려서 잘 놀기도 했었거든요. 요즘에는 애들 보기가 힘들어서...쫌 그런건 안타깝더라고요. 애들이 같이 어울려서 놀기도 하고 뛰어놀기도 하고 그랬는데 거의 애들이 안보이네요.

지금 살고계신 신삼마을 골목이 본인에게는 어떤 의미가 있으실까요?
어쨌든 제가 살면서 반 이상을..여기서 23년을 살았으니까요. 애들이 여기서 나고 자라고, 키우고 했으니까 특별하긴 특별하죠. 이 동네를 떠난다는 것도 좀 아쉽고, 이동네에 계속 있고 싶은 거지요. 어디 가서 새로운 이웃 사귀기도 누렵고요.

지금의 신삼마을 골목에 대해서 어떻게 생각하세요?
골목을 다니다 보면 쓰레기도 많구요, 쓰레기가 안치워진 것도 많고요. 어떤 골목은 너무 어두워서 밤에 다니기가 조금 무섭기도 해요.

우리 마을또는 골목에 필요한 건 어떤게 있을까요?
아이들 맡길 곳이라던가 돌봐주는 센터 같은게 있었으면 좋겠어요. 애들 맡아서 맞벌이 하시는 분들을 위해서 조그마한 공간이라도 있으면 일하는 엄마로써 조금은 부담이 낮아지지 않을까요?

신삼마을 골목이 어떻게 변했으면 좋겠다 하신게 있으신가요?
좀 깨끗하고 아이들도 많고, 뛰어 놀 수 있는 골목길이 되었으면 좋겠어요. 골목에서 놀다 보면 시끄럽다고 얘기하시는 어른들이 많더라고요 의외로. 그런게 없어졌으면 좋겠고 애들이 마음껏 떠들고 놀아도 되는 공간이 있었으면 좋겠어요.

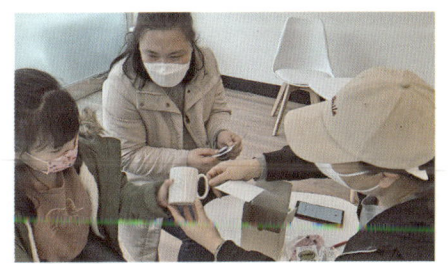

이미화
_거주민 인터뷰

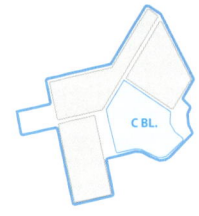

면 담 자	김억부
면담대상	이미화
거주이력	신월3동 20년 거주민
거주지주소	남부순환로54길 20

" 아이를 위해
　　열심히 한국말을 배웠어요

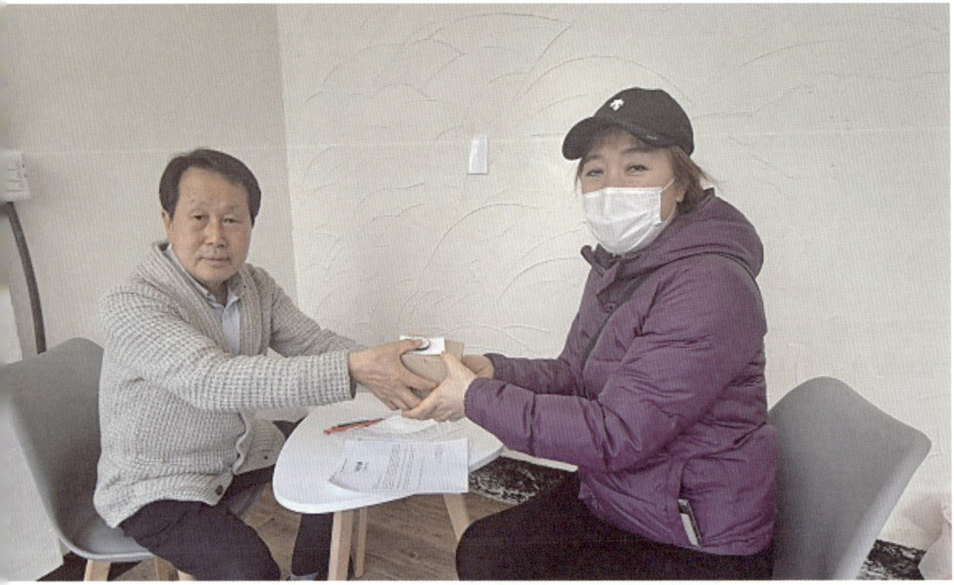

본인 소개 부탁드립니다.

저는 이미화라고 하고 남편하고 네 자녀를 키우고 있어요. 큰애는 올해 대학에 입학했고 둘째 아들은 고등학교 2학년, 셋째 딸은 중학교 2학년, 막내아들은 초등학교 4학년이에요. 그리고 저는 한족인데 한국에 결혼을 와서 신월 3동에서만 20년을 살았어요

신삼마을의 골목길에 관련해서 생각나는 지역이라든가 경험, 사건 같은게 있으면 말씀해주세요

예전에 호수공원쪽에 있는 초등학교 옆이 정수장이었어요. 그쪽이 좀 외져서 집값이 여기보다 더싸고 사람들이 잘 안가고 관심이 없었죠. 그러다 정수장을 거쳐서 공원을 만드니까 사람들이 산책하는 사람들도 많아지고 나중에 수술을 보면 많다보니까 이제는 그쪽 동네 집값도 많이 오른 것 같아요.

기억에 남는 사건들은 옛날, 제가 처음 왔을때에는 신월3동에 범죄들이 좀 많았어요. 지하 방에 항상 도둑이 들기도 하고해서....사람들이 지하에 살기 싫어하고 신월3통이 다른 동네에 비해 가난한 동네였죠. 그래도 지금은 환경이 많이 개선되어서 범죄가 많이 없어진것 같아요. 이제는 누구 집에 도둑 들었다는 말을 들어본 적도 없어요.

한족으로서 여기 시집오셔서 차별 같은걸 받은 적이 좀 있으신가요?

처음에는 한족이, 외국사람이 시집을 오면 좀 보는 시선도 달랐어요. 저 집은 외국 여자하고 산다, 오래 살지 못하고 도망가니 뭐니 그런 말이 많았어요...그리고 회사를 다닐때 아이를 낳고 해서 임금에서 자료를 줬는데 한국사람들은 좀 더 주는데 외국사람은 조금밖에 주지 않더라고요. 그 당시에는 사람들이 외국 사람에 대해서 인식이 별로 없었으니까요. 지금은 오래 살다 보니 다문화라는 단어도 생기고, 다문화센터도 많이 생기고, 사람들이 홍보도 많이 해주고 그래서 괜찮아 진것 같아요.

마을에 친한 다문화 가정 분들도 계신가요?

네 미을에 시시는 분들은 많이 알아요. 서로 만나서 모임도 가지고 노인센터에 가면 같이 하는 수업이 있어요. 센터가면 한국어 교육도 하고, 만들기도 하고, 또 적십자에 가면 다문화 빵 봉사가 있어요. 제가 거기를 다니면서 빵 봉사를 하고요. 그리고 또 거기에선 심리상담 치료를 해주거든요. 다문화 엄마들이 한국으로 시집오면 외로울 때가 많아요. 처음에는 언어소통이 제일 힘들었죠. 지금은 20년 정도 살았으니까...10년이면 강산이 변한다고 하더라고요. 열심히 배웠어요. 아이를 키우면 애가 학교 다닐 때 장애가 되면 안되니까요. 가정통신문도 많이 오고 체크도 해야 하니까 엄마가 그걸 못하면 안되니까...그래서 저는 열심히 한국어를 배웠어요. 배우고 또 교회가서 또 배우고 사람들을 많이 만나야 말을 빨리 배우니까 식당 가서 일도 했고요 이게 20년 정도 되니까 어려운 속담같은거 말고는 거의다 이해는 해요.

신삼마을 골목의 문제점은 무엇이라고 생각하시나요?

비행기 소음이 제일 문제인것

같아요. 비행기가 옥상위에서 지나가는 걸 보면 좀 심하더라고요. 요새는 코로나때문에 비행기 노선이 적어서 좀 덜한데 비행기가 지나갈 때마다 와이파이를 해놔도 와이파이가 잘 안터지고 핸드폰도 전화하다가 잘 끊기더라고요. 20년 정도 사니까 어느정도 적응을 하긴 했죠.

신삼마을 골목에 가장 필요한 건 무엇이라고 생각하시나요?
앞에서 말씀드린 것처럼 와이파이가 잘 터지게 해줬으면 좋겠어요. 그리고 학교도, 아이를 키우다 보니까 신삼마을에는 학교 시설이 그렇게 좋지 않은것 같아요. 처음에 왔을 때 마을에 있는 중학교 초등학교 소문이 안좋았어요. 그래서 아이들 입학할때는 다른동네로 이사가서 저쪽 동네, 길 건너 동네에 가서 애들 입학시키고 했죠. 그쪽에는 반이 12반씩 있고 한데 우리 동네에는 4반밖에 없는걸 보면 애들도 정말 적고 중학교에는 불량학생들이 많아서 담배피우고 하는걸 보면 동네에 있는 학교는 관리가 잘 안된것 같아요. 이런걸 선생님들이 잘 관리해서 공부환경만큼은 똑같게, 표준을 해줬으면 좋겠어요.

앞으로 신삼마을이 어떻게 변화되었으면 좋을까요?
놀이터가 없어요. 여기 바로 앞에 놀이터가 하나 있는데 거기에는 그네가 없어요. 그렇다고 아파트 안에 있는 곳에 들어가면 아파트 사는 애들 외에는 못들어 오게 하니까 다른 애들은, 주택가 사는 애들은 그네를 탈 수가 없어요. 순환도로 건너서 다른 동네 멀리 가서 그네를 타라고 하면 그게 좀 불안하고. 특히 맞벌이 엄마들은 애 혼자 왔다갔다 해야 하니까 그게 안

"한국으로 시집을 와서
신월 3동에서만
20년을 살았어요."

좋고...호수공원도 출입금지가 되어서 애들이 마음편히 놀 수 있는곳이 없어요. 그리고 구립도서관 같은게 생겨서 애들이 편안히 책을 읽을 수 있고 대여도 할 수 있었으면 좋겠어요 지금 동네에서 책을 빌리려면 도서관으로 가야하는데 가는 버스가 없어서 불편하거든요. 마지막으로 다목적 복지관이 동네에 없어요. 애들이 문화체험을 할 수 있는 공간이 있었으면 좋겠어요.

유정은
_거주민 인터뷰

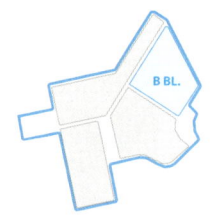

면 담 자	변혜정
면담대상	유정은
거주이력	신월3동 17년 거주후 이사
거주지주소	남부순환로52길

"놀이터에 쉴 수 있는 공간이 많았으면 좋겠어요."

본인 소개 부탁드립니다.
저는 유정은이라고 하고 엄마, 아빠, 오빠랑 살고 있어요. 지금은 고강동에 살고 있고 작년(2020년) 4월 까지 신월3동에서 살았어요

신삼마을 골목에서 생각나는 곳이나 경험, 사건이 있으신가요?
초등학교 5학년?6학년때쯤 그 골목에 사는 동생 한명이랑 친구들 몇명이랑 골목에서 한발뛰기를 하면서 놀았어요. 한발뛰기는 가위바위보를 해서 진 사람이 술래가 되고 술래가 말한 숫자만큼 한발 한발 뛰는 거에요. 만약에 술래가 13을 말하면 13번을 뛰는 거에요. 술래는 그 숫자보다 한발자국 적게 뛰고요. 술래한테 잡히면 그 사람이 술래가 되는거죠. 지금은 편의점이 있는 옆 골목까지가서 놀기도 했어요.

골목에서 했던 다른 놀이도 있나요?
중학교 한 1학년~2학년 때 (2017~2018) 비가 많이 왔어요. 여름에서 가을사이? 그랬는데 돗자리 깔고 친구들이 집에있는 우산을 많이 가져와서 지붕을 만들어서 거기 안에 있었어요. 그 안에서 친구들이랑 놀고..집앞이 골목길 꼭대기여서 비가 내려가고 안 고이니까 한참 놀 수 있었어요.

뒤편에 있는 놀이터에서 학생들이 많이 놀던데 거기선 어떻게 놀았었나요?
옛날에 놀던때랑 지금이랑 많이 바뀌었더라고요. 예전엔 그네도 있었고 바닥도 모래였어요. 그런데 지금은 그네도 없어졌고 바닥도 모래가 아니더라고요. 그네가 있었을 때는 그네도 타고 거기에 미끄럼틀도 타고 지옥탈출이라는 놀이도 했어요. 미끄럼 탈려고 계단으로 올라가야 되잖아요 그러면 미끄럼 타러 올라가는 길에서 눈을 감고 술래잡기를 하는 거에요. 술래는 땅을 밟으면 눈을 뜰 수 있고 술래가 아닌 사람은 땅을 밟으면 아웃이 되고 술래가 되는 놀이죠.

도시재생 사업을 하면서 마을이 많이 바뀌려고 하는데 바라는 점이 있으신가요?
놀이터에 앉을 수 있는 공간이 더 있었으면 좋겠어요. 지금도 앉을 수 있는 공간은 있는데 많이 앉지를 못해서..앉아서 얘기할 수도 있는 이런 공간이 있었으면 좋겠습니다.

한유진 _거주민 인터뷰

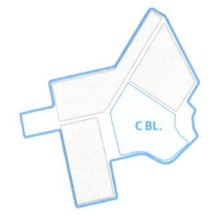

면 담 자	김억부
면담대상	한유진(1975년생)
거주이력	신월3동 30년 거주민
거주지주소	남부순환로54길 20

" 골목길을 보면
아버지의 모습이 기억나요"

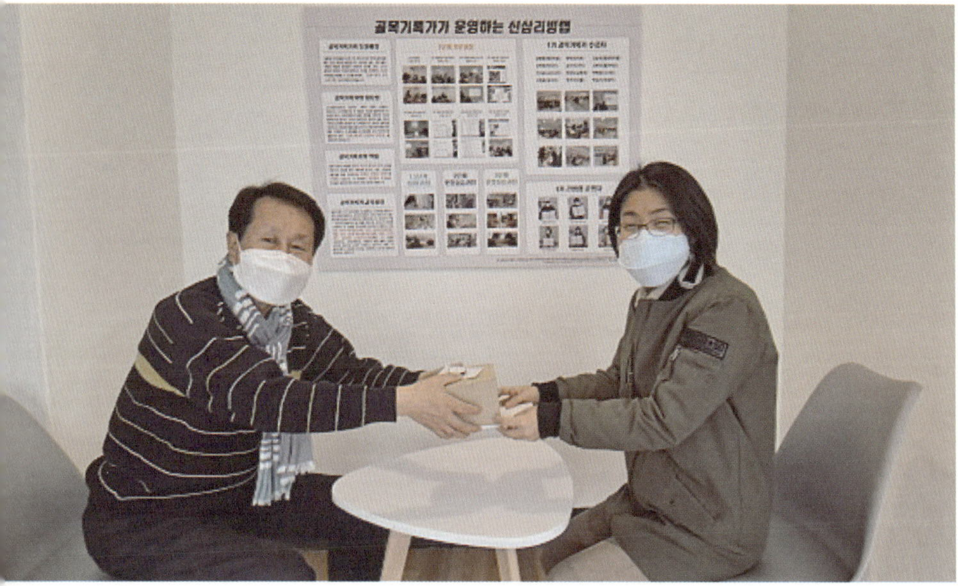

본인 소개 부탁드립니다.

저는 75년생 한유진이고 신월3동에는 90년도에 전입신고를 했어요. 그때는 할머니 할아버지 부모님 언니 남동생까지 일곱 식구가 살았는데 신월3동에 단독주택을 사서 이사를 왔었죠. 계속 남의집살이만 하다가 이사를 오고 2년뒤 아버지가 인테리어부터 재료 하나하나까지 신경쓰셔서 2층으로 올리셨어요. 그런 아버지의 노고가 그대로 담겨져 있어서 이집에서 이사를 간다는 건 생각해보지도 않고 살았네요

30년동안 거주하시면서 신삼마을 골목중 생각나는 곳이나 경험, 사건이 있으신가요?

저희가 여기에 집을 지으면서 여기 골목이 바닥길 공사를 자비로 해서 신축을 짓게 됐거든요. 그래서 골목길을 이렇게 돌아서면 예전에 집을 지을때 아버지의 모습이 순간순간 기억이 많이 나고 이 골목길에 정이 가는것 같아요.

집을 짓기 전에는 동네에 몇 가구정도 집이 있었나요?

짓기 전에는 그냥 단독주택이었어요. 지금은 2층 다가구 1층 2층 옥탑까지 해서 분리해서 집을 지었거든요. 그리고 동네를 보면 예전에 처음 이사왔을 때 적응이 좀 안됐었는데, 어떤 어르신이 골목에서 나오셔서 아들한테 큰소리를 치시던 분이 계셨어요. 예전에는 그 소리가 되게 시끄럽고 막 그랬어요. 지금은 그 아드님이 계시는데 아버지처럼 목소리가 크시고 동네 골목대장이더라구요. 나와서 술 한잔 드시고 오면 목소리 커지시고... 그 피는 못속이는 것 같아요.

골목에서 있었던 다른 사건이나 기억남으시는게 있으신가요?

저는 지금 있는 골목은 그렇고 이사 간 곳 쪽은 앞으로는 한옥 두 채가, 부잣집이 있었어요. 은행나무도 있고...그런데 지금 그거를 부시고 공영주차장이 들어왔다고 하시더라고요. 제가 예전에 왔다 갔다 하면서 본 기억이 나요. 은행나무는 지금 남겨놨어도 분위기가 좀 괜찮지 않았을까 하는 생각이 들어요.

신삼마을은 본인에게 어떤 의미가 있으신가요?

저는 여기 신월3동이 저희 가족들의 발자취인 것 같아요. 왜냐하면 할머니 할아버지도 시골에 계시다가 여기로 이사 오면서 같이 올라오시고, 이렇게 한 울타리에서 살게 됐었잖아요. 살면서는 좀 티격태격 했어도 지금 지나고 와서 생각해 보니까 할머니 할아버지의 사랑을 제가 되게 못느낀것 같아요. 그런데 할아버지가 돌아가시고 할머니도 최근에 돌아가셨거든요. 지금은 이제 추억으로만 남겨져 있는거죠. 그 할머니의 사랑이 시간이 더 지나면 많이 그리워질 것 같아요.

신삼마을 골목의 문제점은 무엇이라고 생각하시나요?

지금 신삼마을 골목에 거주하고 있는 곳은 너무 집들이 딱딱한것 같아요. 집끼리 너무 붙어있어서 분위기나 이런게 여유로움이 없고 딱딱하다는 느낌이 너무 많이 들어요. 그리고 시간이 많이 지나면서 노후가 너무 많이되다 보니 이런 노후된 집들이 이제 변신을 좀 해야 될 것 같은 필요

성이 있다고 보거든요. 지금 도시재생 사업들이 일어나서 몇년후에 어떤 모습으로 변할지 모르겠지만 지금은 그렇게 좁은 문제, 그리고 젊은 사람들이 많이 동네에서 떠나가는 문제들이 있어요. 아이들 교육이라든지 이렇게 자라면서 영향이 좀 있을것 같아서 많이 이사를 가죠. 그런데 이제 어르신들은 계속 늘어나니까 이게 분위기가 좀 처진다고 해야되나...그러니까 활기찬 젊은 세대가 있으면 좋겠어요.

신삼마을 골목에 가장 필요한 건 무엇이라고 생각하시나요?
앞에 주차장이 있긴 하지만 여기 사람들을 수용할 수 있는 주차장의 크기는 아니거든요. 그러니까 이게 주차난 보다는 사람들의 배려가 약간 없어지는것 같아요. 전화번호를 남겨둬도 전화도 안받고 결국에는 경찰서에 신고까지해서 경찰들이 와서 해결하고 이런것들이 약간 문제이지 않을까...주차로 인해서 사람들이 이렇게 큰 소리가 많이 나는 것 같아요. 두번째는 어르신들이 많이 사는데 이 어르신들이 좀 이렇게 쉽게 모일수 있는곳이 있으면 좋겠어요. 노인정 비슷한 쉼터같은 역할을 하는 장소가 있어야 하지 않을까 하는게 놀이터 앞에도 보면 더울때도 신문지 깔아놓고 몇분이 모이셔서 얘기하시는 모습을 보면 이분들이 여름에는 시원하게 겨울에는 따뜻하게 담소를 나눌 수 있는곳이 있으면 사는 얘기들 하시면서 스트레스도 풀 수 있고 하면 좋겠습니다.

앞으로 신삼마을이 어떻게 변화되었으면 좋을까요?

어르신들이 많이 사시다 보니까 지금 문제가 되는 고독사 문제도 있고 하지만 이렇게 많은 사람들을 한분 한분 다 찾아뵐 수는 없잖아요. 그러니까 좀 그 세대에 사는 집주인 분들이나 가까이 사는 사람들이 왔다갔다 하면서 확인하고 하는것들이 필요한것 같아요. 그 중에 하나로 저희가 운영하는 행복 나눔 봉사단체가 있어요. 그 단체에서 도시락 배달을 하시는 분들이 많거든요. 어르신들 한테 도시락 배달해주고 한끼를 해결해 드리자 하는 봉사단체가 있는데, 그걸 보면서 저는 이 분들이 큰 역할을 하고 있다는 생각을 하거든요. 그게 돈받고 쉽게 하는 일이라고들 생각하실 수 있는데 그게 아니라 본인들이 어르신들을 위하는 마음으로 봉사하시는 거니까…이런 봉사단체들이 많이 활성화되면 좋겠습니다.

채재경

_거주민 인터뷰

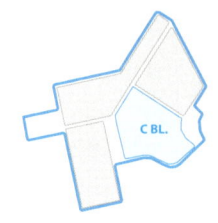

면 담 자	변혜정
면담대상	채재경
거주이력	신월3동 24년 거주민
거주지주소	-

"교회에서 바자회도 하고
　　아이들에게 떡볶이를 나눠줬었죠"

본인 소개 부탁드립니다.
본명은 채재경이구요, 남편하고 저하고 딸하고 셋이 살고 있어요.

신삼마을 골목에 관해서 생각나는 기억이나 혹시 추억같은 게 있으실까요?
어 추억이 될지는 모르겠는데 저희는 집 옆에 교회가 있어요, 삼일교회라고. 옛날에는 토요일도 방공일이라고해서 학교를 나갔었잖아요? 지금은 코로나 때문에 아무것도 할 수 없지만 코로나 터지기 전에는 토요일마다, 얘들이 12시에 끝나면 선생님들이 아이들을 데리고 교회로 가요. 그러면 거기 앞에서 떡볶이, 팝콘 이런걸 아이들하고 같이 먹으면서 이야기도하고 했던

게 생각이 나는 것 같아요. 그런걸 할 때마다 교회사람들을 만나는 것도 있지만, 교회 안 다니는 사람들 길거리에서 만나서 같이 정담도 많이 나누고 한번식 보는 것도 좋은 것 같아요.

그런 일을 하신게 언제 쯤이셨나요?

그게 한 10년 전쯤 얘기죠? 코로나가 터지기 전까지는 그런 활동을 그 교회에서는 계속 했었던 것 같아요. 코로나만 안 터졌으면 아마 지금도 하고 있었을 것 같은데...그리고 어르신들 오시면 팝콘이랑 애플파이 같은것도 만들어서 나눠드리고 이런 좋은 일을 많이 하더라고요

전에 봤을 때 다른 행사도 하는 것 같았는데 그건 어떤건가요?

1년에 한번? 2년에 한두번 바자회를 했어요. 바자회를 하면 거기에 새옷이랑 헌옷같은 것도 깨끗이 빨아서 저렴하게 팔기도 하고 정말 돈이 없는 사람들은 필요하다고 그러면 그냥 주시고 하고...그리고 먹을 것도 국수라던가 전이라던가, 부침개 같은거 그리고 무슨 젓갈 같은것도 직접 잡아온거를 공수해서 어르신들 뿐만 아니라 동네 이웃분들에게 도움이 되지 않았나 생각이 되네요, 같이 나누는 기쁨도 있고.

그렇다면 그때와 지금을 비교했을 때 골목이 변화된 점은 무엇인가요?

지금 제가 봤을때 교회에 담벼락도 그림으로 예쁘게 그려놨더라고요. 비행기도 그려놓고 이렇게 해놨는데 옛날에는 담벼락이 좀 지저분 하잖아요 오래되니까 그런데, 이제 깨끗하게 그림으로 담겨 있으니까 그냥 지나가더라도 한번 더 쳐다보게 되고 정말 그림들이 있으니까 좋은것 같아요.

96년도에 신삼마을로 처음 오셨을때 동네의 느낌은 어떠셨나요?

처음에 왔을 때는 동네가 너무 안 좋았죠 사실. 서울 끝자락이잖아요 여기가...그래서 처음에 왔을 때는 비행기 소리가 너무 많이 들려서 텔레비전 소리도 안들리고, 전화가 와두 전화 소리도 제대로 들을 수도 없고. 그래서 옛날에는 정말 이 시골 아닌 시골에 와서 좀 힘들었던 것 같아요. 그런데 지금은 많이 좋아진것 같아요 예전에는 비행기가 밤 10시까지 수십대가 지나다녀서 동네에서 어떻게 사나, 잠꼬대도 비행기..비행기하는게 아닌가 했던 기억이 있네요

앞으로 신삼마을에 바라는 점이 있으신가요?

바라는건 잘 모르겠구요. 이 부근에 고양이들이 엄청 많더라구요. 그 고양이들을 사랑하는 사람들 도 많지만 반면에 너무 많아서 힘들어하시는 분들도 많거든요. 고양이를 좋아하시는 분들이 밥을 싸와서 막 나눠주시면 고양이가 몰려오고 그러면 나중에 고양이 똥이나 이런게 너무 많아져서..이런것들을 어디서 규제를 해줬으면 좋겠습니다.

하영선 _거주민 인터뷰

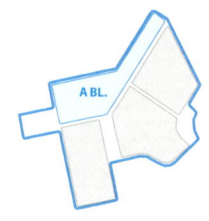

면 담 자	전선이
면담대상	하영선
거주이력	신월3동 1년 거주민
거주지주소	-

> "사실 행복은 항상 옆에 있어요"

거주하신지는 얼마나 되셨나요?
이제 1년정도 되어가죠. 작년 4월에 이사왔으니까요.

장사하시면 주로 어떤 손님분들이 많이 오시나요?
내가 하는 장사는 남녀노소 아이들까지 다 좋아하는 것이에요. 젊은 사람들과 아이들은 메뉴가 다양하니까 다양한 것들을 골라요.

양천구의 어떤 점이 시골동네 같다고 생각하세요?
정겨운 시골이라고 생각하면, 정겨움이 있고 노인분들이 많은 그런 곳이라고 젊은 사람들은 생각하죠…여기가 양천구 답지 않은 시골 동네 같아요. 그래서 더 정겨움이 있는 것인지도 모르죠. 사실 처음에 이사올 때는 목동이 잘 사는 동네니까 여기도 잘 살겠구나 하는 예상을 갖고 이사를 왔어요.

이사온지 얼마 안되셨는데 이웃들하고는 잘 지내시나요?
그런게 없어요…음. 그냥 각각 자기 삶을 사는것, 자기의 삶에만 전념하고 있는것 같아요. 옆에 상가에 관심을 가지고 도와준다거나 함께한다거나 그런건 없는것 같아요. 그냥 바쁘신거죠. 오래된 사람들끼리만 관계를 형성하고 저는 가게는 있지만 새로 온 거잖아요? 1년이 되었다고 하지만 장사를 하기 위해 가게를 고치느라 시작한거는 6개월 정도밖에 안됐어요. 그러다 보니 장사하는 사람들하고 교류가 안생겨요. 교류를 어떻게 하는지도 모르겠고...본인들은 20년, 30년씩 장사를 해서 아니까요. 같이 뭔가 힘을내서 한번 같이 하자 요런걸 할 수 있잖아요. 근데 그런 얘기가 없네요.

어떤 일을 하실 때 행복함을 느끼세요?

일하고 있는 자체가 행복하죠. 일 말고는… 저는 혼자서 애들 둘을 키우느라 일을 너무 해서 놀 수 있는 상대가 없어요. 뒤늦게 친구를 사귈 수도 없더라고요. 그래서 소망은 아쿠아로빅을 하는 거였는데 코로나 때문에 작년에 못 갔어요... 여성발전센터를 갈려고 했는데 코로나 때문에 못갔어요. 그런 곳 이라도 가서 여러사람이 모이는 데를 가면 좀 좋을것 같네요. 사실 행복은 항상 옆에 있어요. 손님이 와도 행복하고...그런데 늙고 아프니까 조금 위축은 되더라고요. 그래도 밥 한 끼 맛있게 먹어도 행복한 거고, 행복이라는 건 특히 지을 게

없어요. 내 안에 행복과 불행이 공존하기 때문에, 언제나 행복하다고 마음을 먹으면 행복해요. 불만을 가지면 세상이 다 불만덩어리로 보여요.

> "여기는 양천구답지 않은 시골동네 같아요. 그래서 더 정겨움이 있는 것인지도 모르죠."

가게에 오시는 손님이 나 마을에 사시는 분들이 이런건 있으면 더 행복하겠다 하셨던게 있을까요?

어렵네요… 남의 생각까지 얘기하는게.. 하나 얘기하면 노인들은, 우리는 어차피 늙어가면서 아파요. 모든 기능이 아프기 시작 하고 노화가 시작돼요. 아파하는게 최선의 방법이 아니잖아요...병원에 가면 돼요. 몸이 아프면 병원에 가고, 치료를 받고, 또 노력을 하고, 저렇게 벗을 삼아 와서 호떡을 둘이 사먹고, 얘기하고 자기 인생을 즐겁게 살아야 된다고 저는 그렇게 생각을 해요.

마음이 중요한 거네요?

그럼요. 본인의 마음이 중요하고, 그런데 노인분들을 이해를 해드리기는 해드려야 해요. 어려운 시절을 살았다는 노인들은… 80대분들은 정말 가난한 시절에 힘든 시대를 살았어요. 우리 60대면 조금 더 나은 시절에서 살았어요. 그래서 종이조각 하나, 컵 하나 버리는게 마음에 안들어요. 그렇게 버리지 말고 절약하고 살았으면 좋겠어요. 그리고 젊은 사람들이 좀 더 들어오면 좋겠죠. 동네가 노후가 정말 많이 됐어요. 너무 많이 낡았어요. 집들이..이 동네가 너무 많이 노후화가 돼서 동네를 보수해서 깨끗하게 되었으면 좋겠어요.

4月 April

INTERVIEW

박세원 _거주민 인터뷰

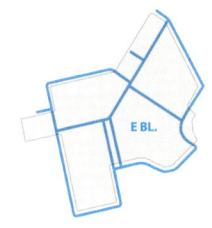

면 담 자	강혜영
면담대상	박세원(1998년생)
거주이력	신월3동 20년 거주민
거주지주소	-

본인 소개 부탁드립니다.

네 현재 24살 박세원이고 신월3동에서 4살때부터 거주를 했던 사람입니다. 지금은 할머니와 같이 살고 있는데 신월 3동 동사무소 쪽 골목에서 거주하고 있습니다. 이사하기 전에는 저희 가족 다섯 식구하고 같이 신원중학교 쪽에 살고 있었어요.

골목과 관련된 어렸을때 기억이나 경험, 사건 혹은 최근에 기억나시는 일이 있으시면 말씀해주세요.

어렸을 때는 제가 오빠랑 함께 다녔었는데 오빠가 이제 같이 놀다 보니까 저희가 같이 놀 공간이 없었어요. 그때는 경영정보고등학교라는 고등학교가 크게 있어서 그 학교로 놀러 많이 다녔었는데, 거기 가면 언니 오빠들도 있고 위험한 물건도 많이 만지고 이래서 다쳤던 경우도 있어요. 제가 놀 때가 없으니까 그냥 집 앞에 빌라 이런 유리문 가지고 놀다가 손톱이 빠진적도 있었고요. 그렇게 좀 많이 다친 기억이 있어서 저는 아직까지도 어린 친구들이 놀만한 공간이 저희동네에 그렇게 많지 않다고 생각해요. 지금 아이들이 저처럼 다쳤던 기억이나 흉터같은게 남을 수도 있지 않을까? 라는 안타까운 생각도 한 것 같아요.

그러면 우리 마을이나 골목이 좀 안전하지 못하다는 생각이 많이 드실것 같아요.

네...안전보다는 어린애들이 놀 공간이 없다 그렇게 생각하고 있어요.

세원씨는 학교를 신월 3동에서 졸업을 하신건가요?

저도 금융고등학교를 졸업했는데 제가 들어갔을때가 세번째였나 두번째였나 그랬어요. 중학교는 양서중학교, 초등학교는 양원초등학교, 유치원은 삐아제 유치원을 나왔죠. 유치원부터 고등학교까지 신월3동에서 나왔어요. 신월3동이 학교가 많아서 좋기는 한데 제가 보면 양원초도 그렇고...학교에 학생들도 많지 않

INTERVIEW

박세원 _거주민 인터뷰

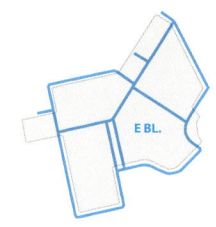

면 담 자	강혜영
면담대상	박세원(1998년생)
거주이력	신월3동 20년 거주민
거주지주소	-

본인 소개 부탁드립니다.

네 현재 24살 박세원이고 신월3동에서 4살때부터 거주를 했던 사람입니다. 지금은 할머니와 같이 살고 있는데 신월 3동 동사무소 쪽 골목에서 거주하고 있습니다. 이사하기 전에는 저희 가족 다섯 식구하고 같이 신원중학교 쪽에 살고 있었어요.

골목과 관련된 어렸을때 기억이나 경험, 사건 혹은 최근에 기억나시는 일이 있으시면 말씀해주세요.

어렸을 때는 제가 오빠랑 함께 다녔었는데 오빠가 이제 같이 놀다 보니까 저희가 같이 놀 공간이 없었어요. 그때는 경영정보고등학교라는 고등학교가 크게 있어서 그 학교로 놀러 많이 다녔었는데, 거기 가면 언니 오빠들도 있고 위험한 물건도 많이 만지고 이래서 다쳤던 경우도 있어요. 제가 놀 때가 없으니까 그냥 집 앞에 빌라 이런 유리문 가지고 놀다가 손톱이 빠진적도 있었고요. 그렇게 좀 많이 다친 기억이 있어서 저는 아직까지도 어린 친구들이 놀만한 공간이 저희동네에 그렇게 많지 않다고 생각해요. 지금 아이들이 저처럼 다쳤던 기억이나 흉터같은게 남을 수도 있지 않을까? 라는 안타까운 생각도 한 것 같아요.

그러면 우리 마을이나 골목이 좀 안전하지 못하다는 생각이 많이 드실것 같아요.

네...안전보다는 어린애들이 놀 공간이 없다 그렇게 생각하고 있어요.

세원씨는 학교를 신월 3동에서 졸업을 하신건가요?

저도 금융고등학교를 졸업했는데 제가 들어갔을때가 세번째였나 두번째였나 그랬어요. 중학교는 양서중학교, 초등학교는 양원초등학교, 유치원은 삐아제 유치원을 나왔죠. 유치원부터 고등학교까지 신월3동에서 나왔어요. 신월3동이 학교가 많아서 좋기는 한데 제가 보면 양원초도 그렇고...학교에 학생들도 많지 않

"신삼마을에 살면서 모델의 꿈을 키웠죠"

더라고요. 저는 좋았긴 했어요.

신삼마을 골목의 문제점이 무엇이라고 생각하세요?
옛날보다는 많이 나아졌지만 쓰레기나 이런 환경 문제가 조금 눈에 들어오기는 하더라고요.

신삼마을 골목에서 가장 필요하다고 생각하시는것은 무엇인가요?
일단 옛날 것들, 좀 안좋은 위험한 것들을 다시 정비하는 것도 필요한 것 같고, 옛날 벽들이 허물어져 있거나 이런게 위험하다고 생각하고, 그리고 이제 쓰레기 같은 경우에도 동네에서 바꾸려고 시도는 많이 하는 것 같은데 아직까지 미흡한 점이 많은 것 같아요.

세원씨가 생각할 때 항공기 소음은 어떻게 생각하세요?
저는 이게 어렸을 때부터 듣고 자라다 보니까 동네에 있을때 비행기가 지나가는지 그런걸 잘몰라요. 너무 익숙해지다 보니까. 어디 여행을 갔다가 오면 그때 우리 동네에 비행기 소리가 들리는구나...느끼고 아니면 친구들을 데리고 저희 동네 왔을 때 비행기 바퀴가 엄청 크게 보인다 이런걸 신기해 하는 친구들을 보면 내가 익숙해져 있어서 몰랐구나 이런 생각을 하게 되는 것 같긴해요.

신월 3통의 교통은 어떻다고 생각하세요?
교통은 제가 지하철을 좀 많이 타고 20대다 보니 강남쪽이나 이런 쪽으로 나가는 일이 많은데 화곡역하고 까치산역 중간에 있다보니까 좀 애매하긴 하죠. 근데 버스를 타고 걸어서 가야하는 그런거 말고는 딱히 불편하게 느낀 점은 없는것 같아요.

신월 3동은 전반적으로 어떤 마을이라고 생각하세요?
그래도 제가 있는 곳이고 엄마도 그렇고 동네에서 활동을 하다 보니까 이제 많은 분들도 만나게 된 곳이에요. 좀 오래된 시설이 많고 오래된 건물이 많은 동네이지만 그래도

더 정겹다고 해야되나? 요즘 이렇게 살아가기 팍팍한 세상에 아는 이모들도 많고 오래 사신 분들이 좀 있으시다 보니까, 어디 가서 느낄 수 없는 그런 전경이 있는 동네라고 생각합니다.

현재 모델 일을 하고 계신데 직업을 고를 때 마을에 살면서 영향을 받은 것이 있나요?
가까운 목동이라도 보면 학업에 되게 스트레스를 받고 살다 보니까 이렇게까지 꿈을 못 꿀것 같다고 생각을 했었는데 여기 있다 보니까 자유롭게 이것저것 많이 경험할 수 있었던 것 같아요. 학교에서 아이들을 세세하게 관리해주고 이러니까 꿈을 제 마음대로 꿀 수 있었죠. 그런 것들 덕분에 공부나 이런 스트레스 받는 직업이 아니라 예체능 쪽으로 더 꿈을 많이 꾼 것 같아요.

마지막으로 우리 신삼마을과 골목이 어떻게 바뀌었으면 좋겠나요?
저는 보면 젊은 친구들이 많이 없다고 생각을 해요. 저는 마을에서 자라왔으니까 여기서 살고 하는데 저처럼 자라온 아이들 말고는 들어오는 사람이 없어요. 저같은 경우에도 주변 친구들이 자취를 하거나 하는 친구들이 많구요. 제가 우리 동네 살기 괜찮다고 이렇게 얘기를 하는데... 저도 골목을 산책하다 보면 골목골목 뭐가 있는지 잘 모르고 지나다 어 여기 이런게 있었네? 이렇게 생각되는 게 많아서 우리 마을의 정보 이런걸 좀 더 담아주면 어린 친구들도 많이 들어오고 살기 좋지 않을까 생각합니다.

"여기 있다 보니까
자유롭게 이것저것 많이
경험할 수 있었던 것 같아요."

INTERVIEW

정기령
_거주민 인터뷰

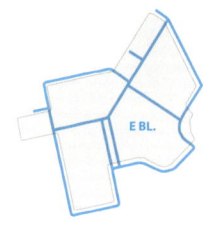

면 담 자	변혜정
면담대상	정기령님
거주이력	신월3동 12년 거주민
거주지주소	남부순환로40길 17

" 피자맛을 못잊어서
　　다시오는 분들을 보면 참 고맙죠 "

본인 소개 부탁드립니다.

안녕하세요 저는 신삼마을 신월3동에서 꼬망새 피자집을 12년째 운영하고 있습니다. 이름은 정기령입니다. 2010년 7월에 들어와서 남편하고 아버지하고 셋이 살고 있어요.

2010년에 마을에 오셨을때 마을은 어땠나요?

그때 당시는 지금보다 조금 더 젊었죠. 사람들도 젊었고, 골목도 젊었고...사람도 많았고 그리고 가게가 공석이 없었어요. 먹거리가 그래도 골고루 있었던 것 같아요.

신삼마을로 오시게된 계기가 무엇인가요?

저도 이제 가게운영을 해야 되는데 남편이 퇴직하고 혼자서 힘드니까...그래서 가게를 하기 위해 자리를 보러 다니고 있었어요. 그런데 누가 피자집을 하는건 어떻겠냐? 그거는 두분이서도 충분히 할 수도 있다고 해서 이제 피자가게를 시작했죠. 그때는 이 골목이 메인 통로잖아요? 그래서 고강동에서 넘어오시는 분들, 또 고강동으로 출퇴근 하시는 분들도 많았고 또 신월3동 골목골목에서도 손님들이 많이 다녔던 때라 이자리에 터를 잡게 됐어요. 너무 내려가면 가게세가 너무 비싸고 그래서..

가게 시작을 할 때는 어떤 분들이 많이 오셨나요?

학생도 많았고 저희가 오픈할 때는 금융고 학생들도 많이 먹으러 왔고 그때는 이제 홀에서 먹을 수 있게 테이블이 한 여덟개 정도 있었어요. 지금은 3개밖에 없는데 그때는 한3개정도 더 있어서 생일파티를 하는 손님들이나 금융고 학생들, 광영여고 학생들, 신원중학교 학생들도 손님이 많았어요. 지금은 코로나 사태로 인해서 매장에 있는 테이블을 다 치우고 매장에서 취식이 금지되어있고.. 배달하고 포장전문으로만 하는데 이제 학생들은 거의 없는것 같아요.

아까도 사장님께서 유모차를 볼 수 없다고 하셨는데..

네 맞아요 그때 당시에는 유모차도 아기들도 많이 데리고 다니고 유치원 엄마들도 생일파티 많이 해줬거든요. 그리고 이제 교회에 주일되면 선생님들이 애기들 데리고 와서 피자도 쏘고 이런게 많았어요. 지금은 아이들이 다 커서 성인이 되어버려서...애기 엄마가 된 사람도 있으니까 애기 아빠 된 사람도 있고요. 시작한지 12년정도 됐으니까 그게 두번정도 됐다고 하면 애기들이 별로 없어요. 그리고 그때는 피자가 처음 나왔을때라 많이 시켜 먹었는데 지금은 먹거리가 너무 많으니까요.

장사를 하시면서 기억나시는 사건이나 경험같은게 있으신가요?

저희는 뭐 다른건 크게 없는것 같아요. 큰일은 없고 이제 학생시절에 피자를 먹고 여기에 사시다가 우리 피자 맛을 못잊어서 멀리서 오시는 분들도 있고 그러거든요. 그런 분들을 보면 되게 고맙고 반갑죠.

특별한 손님은 없으셨나요?

특별한 손님은..가끔 그런 손님이 있었어요. 주문을 해놓고 안 와요. 그러면 저희는 그거 버리거나 저희가 다 먹어야 되거나 그런 경우가 있거든요 그래서 지금은 선불로 받고 있어요. 어디 갔다 오겠다 그러시면 무조건 계산하고 가시라고 하고..예전에는 그냥 믿고 주문을 받았는데 안 오시는 분들이 몇분 계시더라구요. 맨 처음에는 그게 힘들었죠. 지금은 얼굴도 다 알고 단골분들은 얼굴이 익으니까 그런분들은 믿고 제가 알겠습니다 하지만 낯선분들은 그렇게 못해드려요.

도로변에 노상방뇨를 많이 하신다고 그러셨는데

네 많아요. 최근에 이렇게 막무가내인 어르신들이나 대낮부터 취해서 다니시는 분들이 많아서 조금 그럴때가 있어요. 옛날에는 골목에 사람도 많고 젊은 사람도 많으니까 그런 경우는 없었는데 이제 최근 들어서 마을이 노령화되고 또 낮부터 약주하시는 분들이 많더라구요…그런 것도 없지 않아 있는 것 같아요.

골목 앞에 계신데 특별하게 사람이 바뀌었다거나 하는 점이 있나요?

그 전에는 유모차가 많았고 지금은 할머니들이 끌고 다니시는게 많아졌어요. 거의 대다수가…여기 복지관이 생기면서 어르신들이 더 많이 늘어난 것 같아요. 그래서 조금 위험할때도 없지않아 있어요.

가게중에선 뭐가 없어지거나 새로생긴게 있나요?

네 지금 제가 알기로는 여기서 제일 오랫동안 장사한 집은 체리 이야기하고 저희밖에 없는것 같아요. 피자마루하고 음식점이 다 바뀌었어요. 이 앞에 호치킨집은 그냥 정육점이었어요. 우리가 들어올때는 정육점 이었는데 정육점하다가 야채가게로 바뀌었다가 옷가게 하다가 지금 호치킨 들어온건 한 5년 됐는데 이분이 두번째 주인이에요. 맨 처음에 들어오신 분은 다른데서 또 지점을 하시다가 일로 또 들어오셔서..알바생만 두고 왔다갔다 하니까 안돼고 그 다음에는 남자 두분이랑 했는데 손님이랑 어떻게 됐는지 지금 주인으로 바뀌었어요. 그러니까 벌써 세번째 주인이에요.

치킨을 많이 먹나봐요?

맞아요. 근데 그것때문에 나간 집도 엄청 많아요. 요기 은행 옆에 큰 가게 있었잖아요.

거기도 없어졌지, 요 옆에 본죽 자리에 있었던 닭도 옛날통닭가 라고 있었는데 다 없어졌어요. 이게 지금 문제는 없어지고 새로 생기는게 반복이 되는데 가게가 비어있는 기간이 너무 오래된다는 얘기에요. 가게가 비면 빨리 채워지고 해야되는데 지금은…그때 당시에는 그랬어요. 나가면 바로 들어오고 나가면 바로 들어오고 했는데 지금은 비어 있으면 너무 오래 공실이 된다는 거에요.

그래도 먹거리가 많 네요

그러니까요 손님이 많아야되는데 인구는 수요는 한정이 되어 있는데 공급이 너무 많아지는거에요. 그러니까 각자들 제 살을 깎아먹기로 장사를 하고 그러니까 또 망해나가고말이야.. 어떻게 하면 좋을까 원가 이하로 팔아버릴까 가지고 있으면 버리니까...피자한판을 먹고싶다 해도 부부가 같이 살거나 애들이 있어야 시켜먹지 나이드신 분들은 안사드세요.

맞아요 옛날에는 어딜가나 생일파티 한다고 식당이나 피자집 이런델 잡았거든요

그때 당시에 오픈하고 얼마 안됐을 때는 금융고 애들이 오면 일인당 한판이었어요 워낙 잘먹어서. 고등학생들이 와갔고 그렇게 많이 먹었어요. 그런데 지금은 그렇게 안먹어요. 먹을게 워낙 많아서 그런가봐요. 그리고 코로나 때문에도 문제인게 그전에는 학교나 학원 납품이 많았어요. 지금은 김영란법 때문에 안되지만 학교 자체에서 시키는 것도 많았어요. 양서 중학교, 신원중학교 그다음엔 광영여고 이런 학교나 단체에서 주문이 많았어요. 그런데 지금은 코로나때문에 그런걸 단체로 못먹게 되어 있어서 어떻게 할 수가 없죠. 뭐 여기서 죽이되나 밥이 되나 그냥 믿고 지키고 살아가야죠.

지금의 신삼마을 골목에 대해서는 어떻게 생각하세요?

골목이 좀 개선이 많이 되어야 할 것 같아요. 나는 내려오면서 보면 골목이 너무 지저분 하다고 해야하나…정신이 없다고 해야하나 사람보다 간판도 많고 물건도 많이 나오고 쓰레기도 많이 나와있는것 같아요. 한번씩 이런거 노란선 밖으로는 물건 내놓지 말라는데 막 싸우는 경우도 없지 않아 있어요. 차가 못지나가니까. 장사하시는 분들이 틀을 잡고 있으니까 차를 끌고오는 사람들이 지나가질 못해요. 대놓고 장사하시는 분들 좀 비켜달라고 해도 안 비켜요. 경찰이 와가지고 확성기라고 해야되나 그런걸 틀어놓고 골목을 다니면 쩡신이 하나도 없어요. 누구 말대로 세금은 우리가 내는데 점점 동네가 시끄럽기만 하고

그런 문제를 해결하기 위해 필요한 것은 무엇이라고 생각하세요?

글쎄요...필요한 게 서로 이해 좀 해주는게 필요하겠죠. 얘기하자면 호치킨이 한시에 열어요. 그러면 꼭 아침에 와서 저기에다 난전을 펼치는 사람들이 있어. 그러면 차가 이제 못다니고 우리도 물건이 들어오는 날이면 물건을 내려야 되고, 또 다른 사람들도 저 차가 없으면 대기 편한데 그러지 못하고..좀 비켜주세요 하면 차도 빼주고 오토바이도 빼주고 하는데 그러질 않아요. 서로 양보하고 그러면 골목도 깨끗해지고 서로가 조금 배려해주고 그러는데 그러지 못하는 경우가 많죠.

마지막으로 마을에 바라는 점 같은게 있으신가요?

바라는 점은 여기있는 가게들이 다 활성화 될 수 있도록 신월3동에서 많이 도와주셨으면 좋겠어요. 이번에 제가 양천구에서 서포터즈를 받았어요. 홈페이지나 이런거 양천구에서 지역 방송에 홍보로 나가는 인터뷰도 했었어요. 그래서 헬로티비에 우리가게도 우리 골목도 그런 광고를 많이 해줬으면 좋겠어요.

INTERVIEW

남지우 _거주민 인터뷰

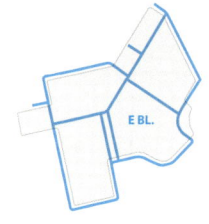

면 담 자	김억부
면담대상	남지우님
거주이력	신월3동 19년 거주민
거주지주소	남부순환로40길 69-5

> " 시험공부를 하고 있는데
>   옆집에서 비명이 들렸어요 "

본인소개 부탁드립니다.
안녕하십니까? 저는 남지우 고요. 지금 현재 신월3동 살고있고 부모님과 동생들 누나와 함께 살고 있습니다. 3년 전까지는 시장 골목 안에서 할머니와 함께 살다가 할머니가 조금 불편해하시는 것 같아서 194-4번지로 나오게 되었습니다

신삼마을 골목과 관련해서 생각나는 기억이나 경험등이 있으신가요?
제가 이제 중2때 시험기간이라서 저녁에 시험공부를 하고 있었는데 갑자기 밖에서 비명소리가 났어요. 갑자기 소리가 나서 나가봤는데 옆에 집에서 부부싸움이 일어났고 남편분께서 술이 많이 취하셨더라고요. 그분이 술병이랑 칼 같은걸로 부인을 때리고 찔러가지고 아내분이 쓰러져서 경찰분하고 구급차까지 출동했어요. 그 사건 이후로 잠을 계속 못 잔 상태였어요.

그 기억이 본인에게는 어떤 의미가 있나요?
그 사건 이후로 시험도 망쳤고..정신적으로 조금 트라우마가 생겨서 거의 한달동안은 잠을 못잔것 같아요. 약도 수면제 비슷한 걸로 복용했었고, 이건 더 이상 약으로 하면 안되겠다 싶어서 약을 끊고 스스로 자려고 노력을 했었는데 다행이 그게 돼서 이제는 약 안먹고 잘 자고 있죠.

그 사건이 신삼마을에 어떤 의미가 있을까요?
이제 그런일이 다시 발생하지 않기 위해서는 시장 골목의 술집이라던지, 신월 3동 쪽에 있는 술집을 저녁에는 문을 닫고 아예 운영을 안했으면 좋겠습니다.

학교를 다니면서 생긴 친구들끼리의 추억같은게 있나요?
초등학교 때는 친구들이랑 놀이터에서도 놀고 그랬었는데 중학교때에는 청소년 센터가 생겼고 공부 끝나면 거기 가서 맨날 놀았던 것 같아요

청소년 문화센터가 생활에 활력소가 되었나요?
네 친구도 많이 사귈 수 있었고 스트레스도 풀고 되게 좋았어요. 포켓볼도 있고 당구도 있고 컴퓨터게임, 보드게임 같은 것도 있었구요. 친구들이랑 심심하거나 운동하고 싶을때는 농구장 가서 농구를 제일 많이 했던것 같습니다. 지금은 거기 농구장을 잘 안쓰는 것 같아서 호수공원쪽에 있는 농구장에서 하고 있습니다.

신삼마을 골목에서 가장 문제가 되고 있다는 것은 무엇이라고 생각하세요?
가장 큰건 주차문제인 것 같습니다. 주차문제 말고는 항공소음 같은 것들 때문에 시끄러운거라고 생각합니다.

신삼마을 골목에 가장 필요한 것은 무엇이라고 생각하세요?
일단 첫번째로는 주차공간이고요. 두번째는 이제 저희 또래 같은 학생들에게 독서실과 도서관이 필요하다고 생각합니다. 조그마한게 있긴 한데 거기에는 저희가 원하는 책이 없는 경우도 있어서 더 많은 책이 있는 도서관이나 독서실 같은게 많이 개발되고 생겼으면 좋겠다는 생각을 제일 많이 해요.

INTERVIEW

박하람 _거주민 인터뷰

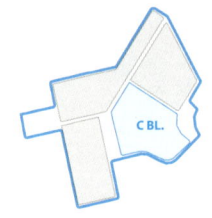

면 담 자	김승연
면담대상	박하람(2007년생)
대상약력	신월3동 13년 거주민
거 주 지	남부순환로48길 27

" 격려해주시는 마을 분들 덕분에
         고양이 사업을 계속 할 수 있었어요 "

본인 소개 부탁드립니다.
박하람이고요. 다세대 주택에서 이제 13년 동안 살았어요. 올해로 열다섯살이에요.

제가 듣기로는 고양이 사업을 하고 있다고 들었는데 그걸 하게된 계기는 무엇인가요?
길에 동물들이 너무 많이 보여가지구 친구들이랑 같이 시작했어요. 저희들이 버렸기 때문에 생겨나는 거잖아요. 근데 그대로 무책임하게 두면 죽을까봐 마음이 너무 아팠어요. 골목에 있는 동물들한테 많은 얘기가 들려오고 있기 때문에 서로 행복하게 공존할 수 있는 방법을 찾기 위해 친구들과 시작했습니다.

신삼마을 골목길에서 혹시 기억나는 일이나 추억이 있으세요?
아기때 옆집 오빠를 만났었는데, 옆집 오빠랑 맨날 자전거 타고 동네를 돌아다니고 그랬거든요. 그런데 이제 오빠가 이사를 가서 못만났어요. 이거를 기억하면서 친구들이랑 같이 놀러 다니다가...놀이터에서 그 오빠를 만난거에요. 갑자기 만나니까 너무 반가워서 나 하람이야 그러고..물어

보니 이사 갔다가 친구들이 놀자고 그래서 나왔다고 하더라구요. 또 이제 친구들 다 같이 불러가지고 다 같이 보러 다니고 그랬는데 그런 것 때문에 동네에 안 가본 곳도 되게 많이 가보고 덕분에 맨날 재밌게 놀고 그랬어요.

동네에 안가본 곳이 어디있어요?
동네 골목골목이 있잖아요. 그런데 보통 지나가면 갈 곳만 가니까 가야 하는 일이 없으니까...이제 오빠가 귀찮을 수도 있는데 일부러 나와가지고 맨날 자전거 밀어주면서 다니고 그랬죠.

고양이 사업을 할 때 지정 장소가 따로 있는 건가요?
아니요 그냥 돌아다니다가 길고양이가 보이면은 거기에 청소하고 밥주고, 그냥 그런식으로 교차하면서 다들 보이면은 밥주고 하는거에요. 그냥 저희가 밥을 주면 애들이 사고를 칠 수도 있고해서 저희가 밥주는 부분이 진짜 돌아다니는 부분이니까 그 부분을 오며가며 운영도 하면서 청소도 하는거죠.

그런데 요즘 골목에 고양이가

잘 안보이지 않아요?
요즘 동네에 어떤 할머니께서 자기 집에서 밥을 주셔서 고양이들이 다 거기에서 다니더라구요.

좋은일 하시네요. 그러면 신삼마을 현재 골목에 대해서는 어떻게 생각하세요?
골목이 변하지 않는거는 단점으로 볼 수도 있지만 저는 이제 골목이 변하지 않으면 지나가면서 여기서 그랬었지... 맞아 그랬지 하면서 확실히 추억을 쌓을 수 있는 계기가 된다고 생각해요. 그래서 더 발전하는 것도 좋은데 이대로 머무는 것도 괜찮을 것 같아요.

발전을 한다면 어느 쪽으로 발전했으면 좋겠나요?
저희가 건물이 오래되긴 했잖아요? 근데 저는 이제 도로를 넓히고 그런 것보다는...건물이 낡으면 외관상으로도 그렇게 안좋잖아요. 외관이 깔끔하게 벽화를 하던지 해서 깔끔하게 했으면 좋겠어요.

앞으로 신삼마을이 어떻게 될 거라고 생각하세요?
여기서 오래 지내시는 분들이

INTERVIEW

많잖아요. 그만큼 서로 오래 알고 지내신 분들도 꽤 있을 거라고 생각합니다. 이제 이 이미지를 좀 지켜가면서 좀 더 좋은 이미지를 쌓아가고, 유대감이 많이 형성되고 서로 이웃끼리 이해를 하고 그러다 보면...지금도 좋지만 지금보다 더 좋게 발전해 나갈 수 있을 것 같아요. 저는 여기서 더 안좋아지거나 발전이 멈추거나 그러지는 않을 것 같아요. 많은 분들이 발전을 하기 위해서 노력하고 있으니까 더 좋아질거라고 생각해요.

하람씨는 이 마을을 좋아하시나요?

어떤 부분은 좋을수도 있고, 어떤 부분은 안좋을 수도 있는데 전체적으로 보면 좋은 것 같아요. 일단 이웃분들이 착하세요. 오다가다 추워보이면 핫팩도 주시고, 제가 고양이 사업을 겨울에 시작했는데 저희가 밥 주는거 보고 밥도 주시고 핫팩 사가지고 주시고 하시거든요.

맨 처음 고양이사업을 시작했을 때는 사람들이 좀 싫어하셨죠?

맞아요. 근데 이제는 다들 일부러 지나가세요. 그리고 나쁜말도 그말을 들으면서 저희가 성장해나갈 수 있는 거잖아요. 그것보다 더 배로 칭찬해주시는 분들도 많아요. 용기를 내라고 그러시더라구요. 격려해주시는 분들이 많았기 때문에 크게 힘들거나 그러진 않았어요.

고양이 사업을 하면서 힘들었던 점은 무엇인가요?

힘들었던 점은 쓰레기를 줍거나 고양이들을 챙겨주려면 항상 허리를 숙여야되는데, 그날 집에 들어오면 허리가 진짜 아파요...그리고 밥을 주려면 고양이들이 경계를 안해야 다가가서 줄 수 있는데 아픈애들은 경계심이 많거든요. 그런 애들에게 밥을 줄려면 수그리고 앉아야 해요. 근데 이제 보면 또 너무 예쁘니까 다가와주면 해야겠구나 해서 허리 아픈 것 정도는 참을 수 있는 것 같아요.

고양이 사업은 중1때부터 하신건가요?

19년도 11월에 시작했어요. 중1 올라와서 도시재생 사업 하시는 쪽에서 연락이 와서 면접을 보고, 어제 1차면접을 봤어요. 처음 했을 때는 엄청 떨렸었는데 이번에는 말도 잘 한것 같고 붙을것 같아요. 너네가 청소년 대표니까 오늘 엄청 좋은일 하는거야 라고 해주는 분들이 계셔서 더 열심히 해야되겠다는 마음도 있고 부담스러운 마음도 있지만 책임감을 가지고 계속 할 예정입니다!

"부담스러운 마음도 있지만
책임감을 가지고
고양이사업을
계속 할 예정입니다."

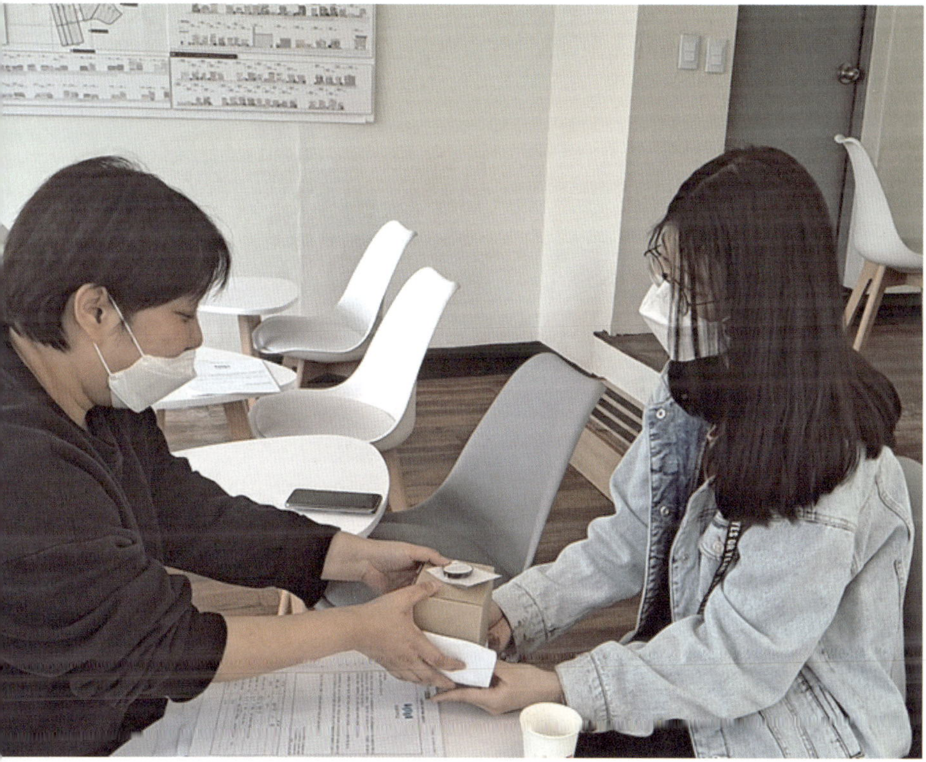

INTERVIEW

안지민 _거주민 인터뷰

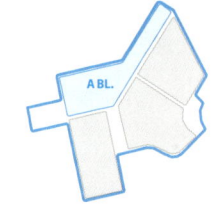

면 담 자	강혜영
면담대상	안지민(2007년생)
거주이력	신월3동 15년 거주민
거주지주소	남부순환로40길 50

" 할머니 덕분에 골목 어른분들하고 굉장히 친했어요 "

본인 소개 부탁드립니다.
안녕하세요 저는 신원중학교에 재학중인 15살 안지민이라고 합니다. 저 포함해서 총 7명이 살고 있고요. 조부모님하고도 같이 살아서 좀 대가족으로 살고 있어요.

신삼마을 골목길에 관련해서 생각나는 기억이나 추억이 있을까요?
그냥 할머니랑 같이 사니까 이렇게 주변에 할머니분들이나 어른들하고 굉장히 친했어요. 지금도 친하고 해서 할머니 집에도 놀러 가고 골목에서 할머니들하고 얘기를 많이 했던 것 같아요. 특히 할머니들은 산책하는걸 좋아하셔서 골목보다는 시장을 많이 갔던것 같아요.

그렇다면 신월3동 시장에 대한 추억이 있나요?
예전에 맞은편에 떡집이 하나 있었어요. 그 떡집 떡이 진짜 맛있고 지금 점장님이랑도 엄청 친했는데 거기가 사라지고 지금은 편의점이 생기고...예전에 시장 안에 많은 것들이 있었는데 점점 사라지고 새로운게 생기더라고요. 저기 안에 있는 새로 생긴 마트 같은데도 전에 다른 마트였거든요. 점장님하고 친했는데 가게들이 사라지는게 좀 아쉽기도 해요.

시장에 관한 기억이 많으신데 제일 기억나는 가게가 있다면?
저는 시장에서 많이 사먹는 편은 아니었고 시장안에 마트 점장님하고 엄청 친해서 기억이 많이 나요. 할머니 심부름하러 시장쪽 밑으로 내려가면 있는 두부가게 점장님하고도 친해서 기억이 많이 나요. 심부름 가면 맨날 또 왔어 이렇게 해주시고 두부도 맛있게 먹었거든요.

또래에 비해 시장에 관한 추억이 많으신데 친구들이랑은 어디서 놀았나요?
어 놀이터, 저기 경인 놀이터랑 그냥 골목에서도 놀았던것 같기는 해요. 훌라후프나 줄넘기 같은것도 하고 간단한 미니게임 같은것도 많이 했어요. 집 주변에는 친구들이 거의 없는데 조금만 가면 애들이 많이 있어서 놀러가기 쉽고 그랬어요. 요즘은 중학교 맞은편에 있는 청소년 문화센터에서 애들이랑 많이 놀고 가끔 경인 놀이터 가서 게임 하고 그래요.

시장에 가서 겪었던 경험이나 추억들이 친구에게 어떤 의미가 있는것 같아요?
추억도 많이 쌓였고 뭐라고 할까 되게 여러 사람이랑 친해지고 인간 관계도 넓히고 하면서 색다른 경험을 많이 해본 것 같아요. 남들에 비해서 할머니도 있고 하다 보니까 많은 분들을 알게되고 그 분들이랑 할 수 있는 경험도 되게 많이 해봤고...그래서 어떤 의미라고 설명드려야 될지 모르겠는데 되게 좋은 의미가 있는것 같아요.

집앞 골목이나 시장 주변 골목의 문제점이 뭐라고 생각하세요?
저는 골목이랑 시장 자체는 정말 좋은 곳이라고 생각을 하는데 일단 주차 공간이 너무 없는것 같아요. 그래서 차들이 길거리에 주차를 하니까 다른 차들이랑 사람 지나가기가 너무 불편하니까 무료 공용 주차장 같은게 있었으며 좋겠어요. 다른 거는 저는 맨날 놀이터에서만 노는데 청소년 문화센터 같은 거 말고 번화가 같은데 가보면 게임방 같은데가 되게 많잖아요. 근데 저희 동네에는 어르신들이 많다 보니까 그런 게임방이 많지 않은것 같아서 그런 곳이 생겼으면 좋겠어요.

앞으로 신삼마을 골목이 어떻게 변하면 좋을까요?

저는 솔직히 여기 마을에 만족을 하고 있어요. 할머니 덕분에 좀 더 편하게 생활하는 것도 있긴 하지만 저는 다른 변화가보다 이렇게 정겨운 분위기가 좋거든요. 그래서 그런지 여기에 대해서 애착이 좀 있어요. 가족들은 별로라고 하지만 저는 이 동네가 정말 좋거든요 자부심도 있고... 그래서 그런가 변했으면 좋겠다 같이 명확한 건 없는데 차들만 없으면 좋을 것 같아요.

"경인 놀이터랑
그냥 골목에서도
놀았던 것 같기는 해요."

INTERVIEW

전춘옥 _거주민 인터뷰

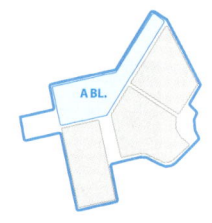

면 담 자	변혜정
면담대상	전춘옥님
거주이력	신월3동 49년 거주민
거주지주소	신월3동 150번지

" 애들이 비행기를 보고
　　　무서워서 일어나질 못했었죠 "

본인 소개 부탁드립니다.
강원도 평창에서 살다가 1973년도에 이사를 왔어요. 우리 큰 아들이 51살이니까 오래됐죠. 막내아들을 여기서 낳았고, 둘이 살다가 시집 장가 보내고 혼자산지는 10년정도 됐어요.

처음 들어오셨을 때 마을은 어떤 곳이었나요?
신원중학교 있는 쪽으로 마을이 다 산이였지요. 다 산인데 밀어 제치고 집을 하나씩 하나씩 지은 거에요. 그리고 지금 도로 있는쪽이 도랑이었고 그위쪽은 다 밭이었어요. 도랑에 물 내려가는게 글로 다 내려갔는데 이제는 다 복구를 했고..그전에는 도랑에 빠져서 걸어가질 못했어요. 화곡동에 건어물을 사러갔더니 신월동에서 왔냐고 할 정도였죠. 흙바닥에 비가 오니까 바닥이 늘 진흙 투성이였거든요.

도랑은 언제 없어진건가요?
그게 물이 넘치니까 그 위에를 세면으로 다 복구를 했지. 그때가 한 30년 전일거에요. 원래는 588 종점으로 물이 다 내려가고 그쪽으로 다 물이 넘쳐서 거기를 공사를 한 거에요.

시장은 어떻게 생기게 된 건가요?
시장은 원래 없었어요. 생긴 거는 그냥 거기에다가 조금씩 물건을 가져다 놓고 파는 것 밖에 없었으니까...저도 장사를 해 봤는데 화곡동 까치산 있는데에서 물건을 받아서 장사를 했었어요. 거기까지 가서 장사를 하고 오고 그랬는데 그때는 화곡동도 장사가 잘 안됐어요. 여기 시장은 지금은 없어진 슈퍼부터 생기고 야채가게, 건어물, 정육점 같은 가게가 차례대로 들어온거에요.

지금의 신삼마을 골목은 어떻게 활성화가 돼었나요?
그렇게 살다가 새로 다 조금씩 조금씩 건물이 지어지고, 사는 사람도 있고 팔고 가는 사람도 있었죠. 단지집 하나 새로 지어봐야 100만원 밖에 안했고. 지금은 한 3억씩 하느네 그때는 잘해도 100만원이었어요. 우리 처음 들어왔을 때도 땅값을 물어내라고 하는데 27평을 10만원에 구청에서 사서 집을 하나 지어 가지고 살다가 애들은 다 키우고 아들 군대도 보내고..애들 직장가고 좀 괜찮아 지니까 그걸 팔고 이사를 가는거죠.

옛날에 마을에 우물이 있었다고 하는데 가보신적이 있으신가요?
우물은 아니고...옛날에는 우물이 집집마다 있긴 있었어요. 우리도 수도를 우물로 먹었고..바가지 두레박으로 물을 퍼서 먹다가 수도가 들어왔죠.

장사는 언제까시 하신건가요?
애들 다 학교 졸업할때까지 했죠. 그리고 손주를 낳아서 애를 봐주고 있고..장사를 해도 밑천이 없으니까 고강동 같은데 가서 고추도 따주고 토마토 밭에서 일도 하고 그러면 고추같은걸 한근 두근 줘요. 그걸 이제 가지고 와서 팔고 올때 먹을걸 사가지고 오고 그러는거죠.

> "그래도 젊은 사람들이 여기와서 자리잡고 살았으면 좋겠어요."

자녀분들을 키우실때는 어디서 놀았나요?

막내만 조그마한 산(현 신원중학교 주위)에서 올라가서 놀고 돌산에 가서도 놀고 그랬지 다른 애들은 놀 때도 없었어요...다 진흙바닥이라 놀 때가 없었거든요.

예전에는 지금보다 비행기가 더 많았다고 하던데요?

그때는 비행기가 말도 못하게 갔지... 지금은 조금밖에 안가잖아요. 그때는 저녁에 40~50대가 갔어요. 처음에 마을에 왔을 때 우리 작은 딸은 돌도 안됐었는데 비행기가 가니까 무서워서 엎드려가지고 일어나질 않았어요. 커다란게 불빛이 번쩍하고 소리가 얼마나 큰지 일어나질 못했어

요. 애들이. 그래도 하도 들으니까 멀쩡하더라구요.

큰 길쪽에도 상점이 많이 있었나요?

가게가 몇개 있었는데 쌀가게도 그렇고 지금은 다 없어졌죠. 지금 만두가게에도 원래 쌀가게가 있었어요. 지금 이기섭의원이 있는 곳도 쌀파는 사람들이 있다가 그 사람들이 사가지고 병원을 차렸죠. 그 옆에 올라가면 구멍 가게가 있고 그랬는데 지금은 장사가 안되니까... 약국은 금성약국 말고 지금 미장원하는데 그 자리에도 약국이 하나 있었어요. 그런데 얼마 안돼서 가버렸더라구요.

시장이 점점 사라지는데 어떻게 생각하세요?

너무 안타까웠지..저도 여기 살아도 차에서 내려서 집에 올라가는데 힘이 들어가지고 집을 저 아래 가져다 놓고 싶고 그래요. 나도 그런데 딴 사람들은 얼마나 힘들겠어. 시장도 멀리가서 사와야 되고. 고바우까지 없어져서 사람들이 더 애를 쓰는 거야..뭐 살게 없는거야. 이 닦는 것도 가서

살라니까 가게는 없었고요..

심삼마을이 어떻게 변하면 좋을것 같으세요?

사람이 많이 들어와서 애들을 잘 낳고 모두 잘 살아야 되는데 애도 안 낳고 전부 나가버리고 하니까.. 그래도 신월1동에 가면 사람이 바글바글 한데 여기는 사람이 너무 없어요. 사는게 걱정이잖아요. 그래도 젊은 사람들이 여기와서 자리잡고 살았으면 좋겠어요. 우리동네도 애 울소리 하나 없고 강아지 소리밖에 안나니까 사는게 삭막해 지는것 같아요.

INTERVIEW

정현진 _거주민 인터뷰

면 담 자	김억부
면담대상	정현진님
거주이력	신월3동 거주민
거주지주소	남부순환로54길 20-2

> "돌산에 올라가면
> 비행기가 손에 잡힐것 같았어요"

먼저 자기소개 부탁드립니다.
저는 정현진이고요, 단독주택에 거주하고 있고 저와 자녀2명이 같이 살고 있습니다. 그리고 근처에 부모님이 오랫동안 거주하고 계십니다.

시장 안쪽에 거주하시는데 옛날 시장 풍경은 어땠나요?
시끌시끌 했고 손님이 많았죠. 떡볶이도 막 사먹고 애들이 너무 신나했었고…시장이 넓다는 생각도 했었죠.

그러면 혹시 신선마을의 골목길에 관련하여 경험이나 사건 같은거 있나요?
어렸을 때는 주위에 단독주택들이 많이 들어서 있는 상태가 아니었어요. 주위에 산에 올라가서 뛰어놀기도 하고 시장근처에 산이 또 있거든요 돌산이라고요.

지금의 신삼마을 골목에 대해서 어떻게 생각하시나요?
오히려 어렸을때가 지금보다 시장이 활성화되어 있었던 것 같아요. 활기가 넘쳐났었고… 지금은 너무 죽어있는것 같아서 안타까운 마음이 있어요.

부모님도 신삼마을에 사시는데 부모님과의 추억같은게 있으면 말씀해 주세요.
지금 다른분들은 비행기 소음에 대해서 엄청 시끄럽다고 하시기는 하는데 저한테는 비행기가 지나가면 돌산 위나 저쪽 경계선 쪽에 올라가서

손을뻗고 비행기가 내손에 단 다 이렇게 했던 기억이 있어 요. 그리고 눈이 올때 제 키 반 정도 내리고 했는데 올라가서 엄청 신나게 놀았던것 그런게 기억이 나요.

신삼마을 골목에서 가장 문제 가 되고 있는것은 무엇이라고 생각하세요?

주차문제요. 골목은 비좁은데 차들도 많고...쓰레기 문제가 지금 엄청난 것 같아요. 지금 도 보면 예전에는 그렇게까지 지저분하고 막 널브러져 있지 않았었거든요. 지금은 쓰레기 에 음식물을 막 싸서 버리고 이런 것들이 조금 문제가 되 는 것 같아요.

다른분들 말을 들어보니 시장 에 고성방가 같은 문제가 많 았다고 하는데 그런건 어떻게 생각세요?

예전에는 그냥 도로에서도 누 워있고 여기 골목에서도 누워 있고 막 소리지르고 때리고 싸우고 엄청 시끄러웠는데 요 즘에 그런거는 좀 잦아진것 같아요.

신삼마을 골목에서 가장 필요한 것이 무엇이라고 생각하세요?

주차 공간이 더 확보되어야 할 것 같고, 이게 오래된 주택 들이 너무 많다 보니까청년 들이 많이 이동했잖아요. 청 년들 일자리도 요즘에 문제긴 하지만 청년들을 끌어들이려 면 주위가 개발이 많이 돼서 아파트도 좀 지어지고 청년주 택같은걸로 재개발을 해서 신 월3동을 개발해 줬으면 좋겠 습니다.

앞으로의 신삼마을이 어떻게 변 했으면 좋겠다고 생각하세요?

경력단절된 여성분들도 많고 일자리 문제도 많이 개선점이 필요한 것 같고요. 신삼마을 에 건물도 새로 많이 지어지 고 여기에 다른 회사들도 들 어와서 일자리가 마련될 수 있는 그런 업체들이 들어왔으 면 좋겠습니다. 또 노인문제 를 좀 해결해야 할 것 같은게 전에는 어르신들도 이렇게 활 기차기도 하고 했는데 지금은 힘도 없으시고 그런것 같아 요. 노인분들이 활기차게, 젊 은이들과 같이 어울릴 수 있 는 그런 프로그램 같은것도 같이 운영했으면 좋겠어요.

INTERVIEW

김정란 _거주민 인터뷰

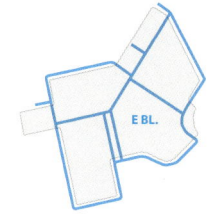

면 담 자	강혜영
면담대상	김정란
거주이력	신월3동 20년 거주민
거주지주소	-

> "육교가 있던 시절부터 가게를 운영했었죠"

본인 소개 부탁드릴게요.

저는 김정란이고요 1970년생이에요. 화곡동에서 태어났고 결혼전까지 살다가 결혼해서 신월 3동에 살게 됐고요. 아이가 4명이 있고 시어머니가 위층에서 거주하고 계십니다. 결혼 후에 몇년 같은 곳에서 살다가 이렇게 위아래층으로 살게된 건 한 10년 넘은 것 같네요.

신삼마을 골목길과 관련해서 생각나는 기억, 경험, 사건이 있으신가요?

옛날에 골목에서 안타까운 일이 있었는데, 살던 골목 그쪽에서 화재가 한번 났었어요. 아주 크게 난건 아니고 한 층에서만 화재가 발생했죠. 다행히 번지지 않아서 크게 사상자는 없었어요.

듣기로는 육교가 있었던 시절부터 신월 3동 입구에서 구멍가게를 하셨다고 하던데?

아주 조그만 구멍가게 였어요. 지금은 편의점도 있고, 24시간 마트들이 꽤 많이 있는데 그 당시에는 24시간 하는 마트는 거의 이동네에서 저희가 유일했었죠. 아버님하고 어머님하고 제 남편하고 3교대로 해서 24시간 영업을 했어요. 거기가 한 다섯평 정도밖에 안 됐던것 같은데...그게 초입이고 버스정류장 부근이어가지고 이용자들이 좀 많았던것 같아요. 그래서 그 조그마한 규모 치고는 매출이 꽤 됐었다고 하더라고요.

육교가 있었던 시절에만 해도 인구가 많아서 번화가였던 시절이었을것 같아요

제가 많이 돌아다니지를 않아서 잘 기억은 안나는데 새벽녘에는 인력시장이 있었어요.

그곳에 나가는 사람들이 대기하고 모이는 장소여서 새벽 장사같은게 좀 잘 되었던 것 같아요.

그럼 언제까지 거기서 장사를 하신 건가요?
제가 결혼 전에 시작하신 분은 잘 모르겠지만 결혼하고 한 2년정도 더 했던것 같아요. 그러다 24시간 하는게 너무 힘이들어서 이제 그만하고, 부모님들은 다른 꽃가게도 하시고 이 위에서는 항아리 같은걸 파는 장사도 했었죠.

여기서 사실 때 아이들은 어디에서 주로 놀았나요?
주로 남부 놀이터에서 놀았죠. 그때는 서서울 공원이 없어서... 거의 남부놀이터 아니면 경인 놀이터쪽 거기에서 놀고 친구들하고 자전거 타러 다니거나 그랬던 것 같아요.

지금 신삼마을은 아이들을 키우는데 어떻다고 생각하세요?
사실 지금 놀이터에는, 예전에는 놀이기구나 이런 것들이 많았는데 지금은 그런 놀이기구들은 점점 없어지고 그냥 전체 주민들을 위한 그런 공간으로 많이 바뀌어 가는 것 같아요. 그래서 실제로 아이들만을 위한 놀이공간은 좀 많이 부족하지 않나 생각합니다.

신삼마을 골목에서 가장 문제가 되는게 무엇이라고 생각하세요?
골목은 사실상 이동할 때 말고는 이용을 잘 안해서..밖에서, 골목에서 무엇을 한다든가 하는 일들이 점점 줄어들고 있어서 실질적으로 관심이 좀 없어지는 것 같아요

"지금은 편의점도 있고,
24시간 마트들이 꽤 많이 있는데
그 당시에는 24시간 하는 마트는
거의 이동네에서 저희가 유일했었죠."

그렇다면 골목이 이렇게 바뀌었으면 하는 바람이 있으신가요?

요새 자연이 좀 더 이렇게 가까이 있는게 좋은것 같아요. 화단 같은 것을 집들 사이사이마다 이렇게 만들어 놓는다든지 하면 좋을 것 같아요. 그리고 골목에서 작업을 할 때 나는 소음이나 냄새같은게 좀 있어서 위생적으로 좋지는 않아요. 한동안 바퀴벌레 엄청 많았거든요. 다행히 요새 약을 써서 조금 잡긴 했는데..2년 전까지는 바퀴벌레가 너무 많아서 살기가 너무 힘들었어요.

마을 골목에 가장 필요한 건 무엇이라고 생각하세요?

사실은 지금 저희도 차를 집 앞 골목에 주차할 수가 없어서 공영주차장을 이용을 하고 있는데 주차 비용이 좀 더 저렴한 주차 시설을 만들었으면 좋겠어요. 자기 골목마다 주차하는게 너무 힘드니까...지금은 한달에 7만 5천원을 내야 하거든요.

골목에 대해 기대하는 점이 있으신가요?

집 주변에 있는 골목들은 사실 그냥 이동하는 곳으로만 생각을 하고 있죠. 우선은 상권들이 지금 많이 죽어 있어서 다양한 업종이 들어와서 골목을 보면 뭐가 엄청 많다라는 그런 느낌이 들었으면 좋겠어요. 그런데 식당도 그렇고 문을 열었다가 또 금방 다 닫고.. 이런걸 보면 많이 안타까워요.

오명숙

_대장금식당 주인 인터뷰

면 담 자	변혜정
면담대상	오명숙
거주이력	신월3동 33년 거주민
거주지주소	남부순환로40가길 9-1

"저는 절대 문을 잠그지 않아요"

본인 소개 부탁드립니다.
네 저는 신삼마을 남부순환로 40가길 9-1에 사는, 대장금 식당을 운영하고 있는 오명숙 이라고 합니다. 거주하고 있는 곳은 시장 골목의 끝자락에 자리하고 있어요.

신삼마을에 오신지는 얼마나 되셨나요?
여기서 식당을 하게된 지 한 10년 3개월정도 됐어요. 이 동네에서 산지는 33년 정도 된 것 같아요. 처음에 왔을 때는 너무 번잡할 정도로 사람이 많았고, 사람들이 활기가 넘쳐 있었어요.

33년 전이면 정말 시골이었을 때 오셨네요
그때 시골이라기보다 사람들이 너무 많아서…정말 지금에 비하면 인구가 10배 이상 진짜 잘하면 100배도 될 수 있어요. 여기 시장 골목을 걸어 다닐 수가 없을 정도로 많았어요. 장사하는 집은 빈 집이 하나도 없었어요. 창고도 다 가게였고 노점도 많았고요.

그 때도 장사를 하고 계셨나요?
그 때는 직장 생활을 했어요. 결혼하고 직장이 이쪽 옆에 있어서요.

처음에 들어오셨을 때랑 비교하면 마을에 어떤점이 바뀌었나요?
현재는 아파트가 조금 들어선 건 있죠. 주차장이 새로 들어왔고, 공용주차장이 몇 군데가 생겼어요. 이 동네에 바뀐 거라곤 그것밖에 없어…여기 이제 조그만 빌라랑 아파트들이 들어섰고, 저 위에 뚤아래가 생겼고 그정도의 변화가 있다면 그정도고 오히려 사람들이 많이 빠져나가서 지금은 동네에 사람이 너무 없어요. 진짜 어르신들 몇 분만 내가 우리 가게 앞에 맨날 와서 앉아 계시는 걸 늘 보면서…옛날 같으면 어린 아이들이 많이 뛰어 놀았을건데 지금은 어른들이 여기 와서 마루에서 놀다 가져요. 그래서 지금은 어르신들하고 친해진 건 있지만요.

신삼마을로 처음 오셨을 때 특별히 기억나는 일이 있으신가요?
기억나는 거는 처음에 왔을때는 정말 사람들이 너무 많아서 시장 한번 볼려면 시간이 엄청걸렸어요. 지금은 후다닥 왔다 갔다 할 수 있지만 그때는 사람들이 너무 많으니까… 시장 한번 내려와서 장보고 올라가려면 한시간이 걸리기도 하고 그랬죠. 지금은 갔다와도 10분이면 다 갔다 와요.

가게를 하시면서 특별한 손님이나 골목에 관한 추억이 있으신가요?
추억이나 그런거는 별로 없지만 여기가 조금 나이 드신 분들이 살아서 그런지 음주를 하시고 시끄럽게 하시는게 좀 있어가지고…그런 것 좀 조금 고쳤으면 하는 바램이에요. 그런거 말고는 새가 떨어져 죽은 일이 있었어요. 내가 집에 들어갈려고 가는데 갑자기 새가 짹짹짹 해가지고 뭐지 그러고 있는데 소리가 퍽 나는거에요. 그런 소리가 나면서 새가 딱 떨어지는데 너무 무섭고 끔찍했어요. 새가 떨어져서 파들파들 거리고 다른 새들은 막 울고 있고… 그래서 내가 경찰에 신고를 했어요.

어르신들은 자주 가게에 와서 쉬었다 가시나요?
네 많이 쉬었다 가시는데 어

INTERVIEW

른분들은 걸어다니면 무릎이 아프시니까요. 요 앞에서 조금씩 쉬었다 가시죠. 이런 저런 얘기를 하시는데 나는 바쁘니까 그 얘기를 해 줘도 못 듣죠 허허. 그분들은 밖에서 쉬었다 가시고 가끔 내가 나물 다듬으면 같이 다듬어주시고 그래요. 어르신들이 어제는 상추 농사 지었다고 한 보따리 싸가지고 오셨더라고요. 요즘에 어르신들이 뭐 먹을거 있으면 좀 챙겨 오시더라고. 오히려 내가 챙겨드려야 되는데. 또 한 번 받아먹으면 또 식사 대접해드리고 그래요. 상추는 벌써 세번째 가져다 주셔서 너무 잘 먹고 있어요. 주말 농장 그런거 하시는거 같은데 가끔 호박도 따다 주시고, 여기 목사님은 호박도 따서 갖고 오시고 고구마 순도 갖다 주시고 내가 동네에 오래 살아서 많이들 도와주시더라고요.

33년동안 마을에서 사시면서 있었던 기억 같은건 없으세요?

동네에서 오래 살다 보니까 비행기 소리 같은건 안 좋지만 그래도 주위 사람들하고 정이 많이 들었어요. 내가 아프고 할때도 우리집에 와서 청소해주고 뭐 다해주고...이 옆집 야채가게 유나 아줌마가 그렇게 다 해주고 또 이동네에 오래된 사람들만 있어서 그런지 병원에 있어도 걱정이 안돼요. 제가 여기 문 열어놓고 다니잖아요. 절대 문을 잠그지 않아요, 나는 믿고 사는 거에요. 남들은 뭐 누가 훔쳐가면 어쩌냐고 걱정은 하지만 오히려 나는 걱정을 안해요.

동네에 사시면서 재밌는 일은 없으신가요?

동네 아줌마들하고 같이 모여서 산악회도 가요. 반찬가게랑 몇명 모여서. 다는 아니고 친목을 도모하는 사람끼리 몇명 모여서도 가고 친구들하고도 가고 지금은 코로나 때문에 갈 수 없지만요. 한번씩은 그래도 갔어요 한달에 한번씩은.

말씀해주신 기억들을 들어보면 마을에 인정이 많은 것 같아요.

그러니까요. 너무 좋으니까 내가 33년을 살고 있겠죠. 앞으로도 나는 이사하고 싶은 마음이 없고... 우리 애들은 나가고 싶어하고 하지만 나는 여기서 내 노후까지 살고 싶어요. 정말 나가고 싶지 않다니까요? 여기가 너무 좋아서.

현재 신삼마을 골목은 어떻게 생각하세요?

작년부터 내가 코로나 생기면서 아프기 시작해 가지고 지금 허리시술도 받았는데..이 골목앞에서 넘어져서 또 손을 다쳤어요. 골목에 차를 너무 많이 주차해 놓으니까 이 도로 바닥이 깨진거에요. 아스팔트 바닥이 큰 차들이 와서 서있고 유치원차 드나들고 하니까 깨졌는데, 거기에 걸려서 넘어졌어요. 그래서 한두달 또 일을 못했죠. 그런거를 도시재생사업을 하면서 바닥을 새롭게 해주면 좋겠어요. 골목 같은게 좀 노후 됐잖아요, 집들도 노후됐고 그러니까 불편하잖아요. 지금 도시재생을 한다고 하니까 거기서 조금 많은 도움을 줬으면 좋겠어요. 주택을 조금씩 리모델링도 하고 지금 도로 바닥이 깨져서 사람이 넘어질 수 도 있고 위험하고 안좋잖아요. 내가 다쳐서 그런것만이 아니라 다른 사람이 넘어질 수도 있으니까 그런 도로를 다시 포장 해줬으면 좋겠고 그래요..그래서 사람들이 안전하게 살 수 있는 그런 동네가 됐으면 좋겠어요.

"남들은 뭐 누가 훔쳐가면 어쩌냐고 걱정은 하지만 오히려 나는 걱정을 안해요."

INTERVIEW

오정순 _거주민 인터뷰

면 담 자	김억부
면담대상	오정순
거주이력	신월3동 거주민
거주지주소	-

> " 여기는
>   사람냄새 나는 곳이에요 "

첫번째로 본인 소개 부탁드립니다.
제 이름은 오정순이라고 하고요, 지금 신랑하고 또 아들하고 셋이 살고 있어요.

그러면 지금 거주하는 골목은 어디인가요?
골목은 지금 시장 입구에서 첫 머리의 제일 첫째 골목에서 거주하고 있습니다.

여기가 장사하는 곳인가요 아니면 거주하고 계신 곳인가요?
제가 장사하는 데는 같은 골목에 들어오면서 첫번째 골목으로 가는 데는 거주하는 곳이고요, 시장입구에서 조금 들어오면 거기서 제가 식당을 하고 있죠.

식당은 잘 되시나요?
글쎄 코로나 문제도 있고 여러가지로 있어서 요즘은 거의 버티는 수준이에요.. 잘 된다고 볼 수는 없죠. 다들 어려운데.

신삼마을 골목길과 관련하여 생활이나 현재 상황등을 말씀해 주세요.
제가 양평동에서 한 20년 살다가 동생이 있어서 이쪽으로 이사를 와서 한 20년 조금 넘게 살았는데요, 글쎄 처음에는 여기가 없는 사람 살기가 굉장히 좋기도 하고 그때는 인구가 굉장히 많았어요. 제가 보기에 20년 전에는 그랬죠. 장사도 보니까 유동인구도 많고 이 안에서 장사하는 분들도 또 그 사람들이 다 같이 돌아가면서 소비가 되니까 장사도 할 만하고 없는 사람끼리 뭉쳐서 살기가 참 좋은 동네였어요.

정이 있었네요.
사람도 많았죠. 여기는 사람 사는 냄새가 나는 곳이에요. 여기가 보니까, 저는 동생 때문에 오기는 했는데 동네로 치면은 참 정도 많고 사람들이.. 이렇게 달동네 같은 그런 느낌을 받고 살았어요. 그런데 갈수록 젊은 사람들이 살 수 없는 구조에요. 노인분들 나이드신 분들한테는 좋고 복지 혜택도 그런대로 잘 되어 있어요. 그럼에도 불구하고 여기는 젊은 사람들이 어울릴 수 있는 신삼마을이 되어야 하는데 그게 안되는거 같아요. 그거를 내가 살림만 하고 있을때는 그렇다는걸 알고만 있었는데 장사를 하면서 보니까 실감이 나더라구요. 그 앞에 파스타 집이 있는데 거기는 거의 젊은층이에요. 우리 식당에서 하는 음식은 노인층이나 젊은 층 불구하고 다 같이 어울릴 수 있는 음식인데, 건너편 음식점을 보면 젊은 사람이 너무 없어요. 옛날에는 그렇지 않았어요. 젊은 사람들도 많았고요. 그런데 또 내가 보니까 이 젊은 사람들이 정착할 수 있는 조건이 안 되더라고요. 조건이 안돼요 조건이. 젊은 사람이 여기서 정착해서 생활하고 소비하고 그 안에서 애들을 키우면서 이렇게 해야되는데, 요즘 세대가 애들도 안 낳고 그러지만 여기는 조건이 너무 안좋아요. 젊은 사람 다 빠져 나가요.

그렇게 되면 피폐할 수 밖에 없겠네요.
노인 천국이 될거에요. 제 생각으로는 젊은사람들도 있고 그래야 신삼마을도 발전이 되고 어울려 나갈 수 있는 조건이 되지 활동하지 않는 노인들만 있어가지고는 회전이 안되고 경제가 살아날 수가 없어요.

INTERVIEW

20년전 신삼마을 골목은 어떤 모습이었나요?

그때의 골목은 사람들끼리 같이 어우러져서 없는 사람끼리 소비하고 그 안에서 벌어먹고 이렇게 돌아갔어요. 지금은 코로나 때문에 더 다운이 되는 것 같아요.

신삼마을 골목에서 가장 큰 문제가 되고 있는 것은 무엇이라고 생각하시나요?

소음이 심하고 옛날에는 차보다 사람들이 많이 오고 가고 했는데 지금은 차가 더 많은 게 문제인 것 같아요.

앞으로 신삼마을 골목이 어떻게 변하면 좋을까요?

주차할 수 있는 공간이 잘 안 나요. 그러면 머리 좋으신 분들이 계획을 짜가지고 주차할 수 있는 공간도 좀 만들어주고 했으면 좋겠는데…골목 골목이 굉장히 좁은데 여기에 차를 주차할 수 있는 여유공간을 좀 줘서 휴식 공간도 좀 만들었으면 좋겠고 하여튼 그래요. 일단은 소음 자체도 줄여야하고, 이 주차문제도 굉장히 심각해요. 그거 말고 편의시설도 조금 있었으면 좋겠고요.

도시재생 사업이 이제 중간 무렵인데 바라는 점이 있다면 무엇인가요?

글쎄요 도시재생의 취지는 제가 잘 모르겠는데요. 일단 동네의 발전을 위해서 모든거를 썼으면 해요. 사람이 살기 좋게 그 동네에서 살기 좋은 조건을 만들기 위해서 도시재생 사업을 추진하는 것 같은데 그러면 그거에 맞게 활동을 했으면 좋겠어요. 그리고 기간 안에 추진했던 일이 만약에 안된다 하면 더 연장을 해서라도 그렇게 할 수 있게끔 조건을 만들어야죠. 꾸준하게 했으면 좋겠어요.

"저는 동생 때문에 오기는 했는데
동네로 치면은 참 정도 많고
사람들이 좋아요."

조기원 _거주민 인터뷰

면 담 자	강혜영
면담대상	조기원
거주이력	신월3동 12년 거주민
거주지주소	남부순환로 48길

> "마을에 들어서면
> 마음이 편해져요"

먼저 본인 소개부터 부탁드릴게요.

저는 지금 대학교 휴학중인 22살 조기원 이라고 합니다. 저의 가족은 부모님이랑 할머니 그리고 동생이 3명 이렇게 총 7명 입니다. 학교는 서일대학교라고 중랑구에 위치하고 있는 대학교에 다니고 있는데 군입대 문제로 잠깐 휴학중입니다.

골목에 살면서 골목에서 관련된 생각나는 일, 기억이나 추억이 있으신가요?

골목에서 불이 난 적도 있었고 그리고 골목 가다 보면은 중간에 공터라 해야되나? 건물을 안지으신 건진 모르겠지만..제가 중학교 때는 거기 지나갈 때 거기만 텅 비어 있다 보니까 무섭기도 했었고 어렸을 때는 그런 생각을 하긴 했었어요. 어차피 비어있는거 거기에다 놀이터 같이 뭔가를 만들어 놓으면 좋아질 텐데..

지금 밑으로 동생이 셋이나 있으신데 주로 놀때는 어디서 놀았나요?

예전에는 서서울 공원 가는쪽에 놀이터에서 놀았던 적도 있고, 보통 놀이터나 서서울 호수공원에 많이 가서 놀았죠.

기원씨가 생각하는 우리 신삼마을, 신월 3동 마을은 어떤 마을이라고 생각하세요?

음..사람들이 그냥 옹기종기 모여 사는 집들도 모여있고, 대부분 연립주택이다 보니까 옹기종기 모여사는 마을이라고 생각해요.

한 동네에서 계속 살고 계신데 우리 동네 분위기라든가 전체적으로 어떤기억이 있나요?

골목이라고 하면 살레시오쪽 골목을 보면 돌담길이 있는 골목같은 경우엔 봄에 되게 꽃이 예쁘이 펴가지고 그런 곳이 굉장히 예뻤다는 기억이 있어요.

기원씨에게 우리 신월3동은 어떤 의미가 있으신가요?

나고 자란 곳이다 보니까 뭔가 일단 여기 밖을 벗어나면은 되게 멀리 온 느낌이나요. 다른 동네들 같은 경우에도 어색하다 보니까..저는 익숙한 것이 좋다 보니까 마늘에 들어서면 마음이 편해지는 것

같아요.

어렸을 때 우리 동네는 어떤 느낌이었나요?

어렸을 때는 지금보다는 좀 더 쓰레기 같은 것도 되게 많이 버려져 있었던 것 같아요. 중간에 모아모아 하우스 같은게 생기니까 그때부터 괜찮아졌던 것 같아요.

주로 친구들을 만나러 갈 때는 어디로 가시나요?

제가 친구들을 만나러 갈 때는 홍대쪽을 자주가요.영화를 볼려고해두 화곡역을 가거나, 마곡이나 홍대 이런데를 가아

INTERVIEW

"나고 자란 곳이다 보니까
뭔가 여기 밖을 벗어나면
되게 멀리 온 느낌이 나요."

해요. 만약에 동네에 놀 곳이 생긴다면은 거기서 계속 놀고 있지 않을까 싶어요. 어디 먼 곳은 안 갈 것 같아요.

신월3동에 가장 문제가 되는 게 뭐라고 생각하세요?

신월3동에 제일 문제가 되는 거요..사실 예전에는 비행기 소음이 되게 문제라고 생각을 했었는데 계속 살다 보니까 너무 익숙해져 버려가지고 이제는 뭔가 없으면 어색한것 같아요. 며칠동안 여행갔다가 오면은 "비행기 소리가 들린다" 이렇게 신나서 이야기 했어요. 비행기 소음 문제는 옛날에는 되게 이건 문제다 라고 생각을 했었는데 익숙해지면 괜찮은것 같아요. 그것 말고는 밤길이 어둡다는 생각도 했는데 요즘에 가로등 같은 것도 잘 생긴것 같아요.

신삼마을에 이런게 필요하다 하시는게 있을까요?

사실 필요한 거는 되게 많을 것 같긴 한데 다른 곳에서 충족하고 있어서 그거에 대한 필요성을 지금 못느끼는 것 같아요. 예를 들면 놀이공원 같은 것도 저희가 다른 동네로 움직여서 그것을 즐기고 있어요. "다른데 가면 되지 뭐" 이런 생각을 해서.. 우리 동네에 있으면 확실히 그것을 더 잘 이용할 수는 있겠지만요.

INTERVIEW

홍미희 _거주민 인터뷰

면 담 자	김억부
면담대상	홍미희
거주이력	신월3동 9년차 거주민
거주지주소	남부순환로42길 36

" 나도 이제 이 동네 사람이
　　　되가는구나 하고 느껴요 "

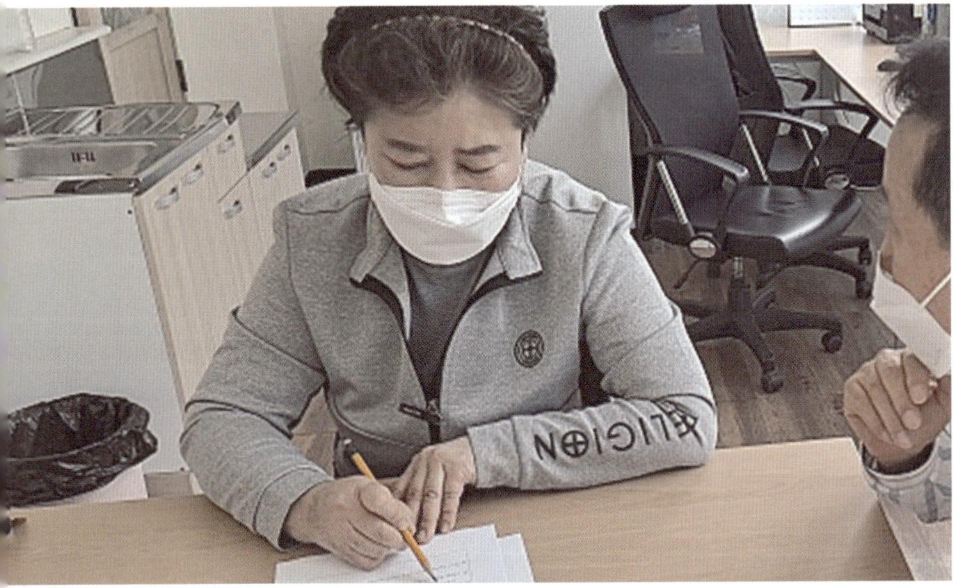

먼저 본인 소개 부탁드립니다.

예. 안녕하세요 저는 58년생 홍미희입니다. 제가 신삼마을로 이사 들어온 거는 약 9년 전이고요, 직장관계로 제가 이곳으로 이사를 오게 됐어요. 1남2녀를 둔 엄마였고요 현재 딸은 사고로 먼저 하늘로 올라갔고 아들은 지금 울산에서 교직생활하다가 올해 박사과정 때문에 미국에 들어가 있는 상태에요. 그리고 손주가 하나 있고 남편은 26년 전에 병으로 먼저 갔습니다.

아드님은 무슨 전공을 공부하시는 건가요?

여기서 며느리랑 둘이서 부부 교사로 영어선생으로 중 고등학교에서 교직하고 있다가 한국에서 박사학위는 마쳤는데 더 공부를 하고 싶다고 해서 미국의 스탠포드 대학에 교육학 박사과정으로 다시 들어갔어요. 한국으로 박사를 따고 나오면 정부쪽에서 일을 하고 싶다고 하더라고요, 교직으로 돌아가고 싶지가 않고. 열심히 잘 하고 있기 대문에 좋은 성적으로 돌아올 거라고 믿고 있어요.

신월3동에 살면서 느낀점은 무엇인가요?

제가 또 이 동네에 와서 느끼는 거는 처음에는 사실 제가 직장 관계 때문에 새벽에 나갔다가 밤에 열두시나 돼서 들어오고, 지방으로 가는 일이 많았어요. 제 직장은 그 당시에 롯데마트, 현대 백화점, 이마트 이렇게 세 군데에 매장을 했어요. 그러니까 서울, 경기도, 충청도, 전라도, 제주도까지 제가 전국적으로 돌아다니면서 일을 했기 때문에 신삼마을에서 사는 거는 9년이지만 실제로 머무른 거는 한 4년쯤 됩니다. 거의 5년은 객지 생활이었으니까..한달에 한 번 정도 집에 오고, 이삿짐만 집에다가 놔두고, 한 달에 한 번 보름에 한 번 정도 와서 하루 자고 가고. 그러다가 제가 몸도 조금 안좋고, 일이 너무 고되니까 일을 그만두고 좀 쉬다가 지금은 구청에서 공공근로 일자리를 얻어서 동사무소에서 일을 하고 있어요.

백화점에서 일하실 때는 관리직에 계셨던 건가요?

네 이게 식품, 먹는거라서 2주에 한번 정도 먹거리를 갈아줘야 하니까 한 곳에서 오래 머무르지를 못하고 매장별로 자꾸 옮기는 그런 일이었어요. 제가 취급했던 것들은 처음에는 반건조 오징어를 구하고 하는 거, 처음에 할 때는 이런 일을 하는 사람이 몇사람 안되기 때문에 장사가 엄청 잘 됐는데 점점 같은걸 하시는 분들이 많아지니까 제가 품목을 늘렸죠. 색떡갈비도 하고, 호두과자도 같이 하고 그러면서 아르바이트생 하나 두고 계속 장사를 했죠. 이런 것들은 그날 만들고, 그날 팔아서 소진을 해야 하는 식품이기 때문에 사실은 더 신경이 많이 쓰였어요. 그래서 누가 만약에 또 그거를 할래? 그러면 저는 안합니다. 그래도 좋은게 있었다면, 먹는 장사를 하면서 제가 주변 사람들에게 먹는 걸로 많이 베풀었다고 그럴까? 제가 만약에 의류나 이런걸 했으면 세일을 해서 팔 수도 있는 그런 물건이기 때문에 남을 주기가 쉽지 않았는데 제가 먹는거라 주변사람들이나 친구들에게

INTERVIEW

참 많이 베풀었다는 생각이 들죠. 돈은 비록 많이 못 벌었지만 그런걸로 엄청 감사했어요.

신월3동에 살면서 기억에 남는 부분이 무엇인가요?

제가 여기 이사 와서 아는 사람도 없이 그렇게 지냈어요. 그래도 저는 주변 사람들하고 이렇게 좀 가까워지려고 마주치는 사람들한테는 무조건 인사를 했어요. 남자고 여자고, 남녀노소 안가리고 행색이 어떻든 눈이 마주치면 무조건 인사를 하면서 얼굴을 익혔죠. 그러다 보니 차츰차츰 그 분들하고 보면은 식사하셨어요? 이렇게 인사를 할 정도가 됐죠. 동네에 들어오면 아는 사람이 없으니까 외로우니까 그랬어요. 가끔은 저 여자는 낯선 여자가 갑자기 나타났다고 자기들끼리 수근거리는 경우도 많았어요. 더군다나 제가 식구들도 없이 혼자 다니니까..근데 이제 처음에는 혼자 산다는 표시를 안 냈어요, 동네 상황을 잘 모르니까. 그래서 이제 바로 옆에 슈퍼 사장님께 사실대로 말씀드리고, 저희 동생이랑 언니 연락처를 드리고 집 열쇠를 하나 맡기

면서 혹시라도 제가 부탁할일 있으면 조금 봐주십사 했었죠. 그 분은 지금도 오라버니처럼 잘 지내고 있어요.

신삼마을 골목길과 관련하여 생각나는 기억이나 사건, 추억이 있으신가요?

처음에 이사 와서는 새벽에 나가고 저녁에 11시나 돼야 들어오니까 주차할 곳이 없었어요. 그래서 다른데에 주차를 했는데 골목골목을 잘 모르니까 엉뚱한 동네에 가가지고 집주인한테 전화해서 나 여기있는데 여기가 어디쯤이냐고 물어보기도 했죠. 엉뚱한 자리에다 대놓고 걸어서 내려온 적도 많고..집 가까운 쪽에 주차를 할려다 너무너무 고생한 그런 기억이 있고 그래요.
그래도 나중에는 제가 늦어서 주차할 곳이 마땅치가 않을 것 같으면 슈퍼로 전화를 해서 '오라버니 저 도착하면 12시 반쯤 되는데요 혹시 차 주차할 때 있을까요?' 그러면 '걱정하지 말고 와봐' 그러세요. 그래서 가면 항상 여기 어디 근처에 차를 댈 수 있게 의자를 갖다 놔주시고 저 올 때

까지 기다리셨다고 올라가시고 너무 고마우셨죠.

그런 기억들이 본인에게는 어떤 의미가 있으신가요?

여기를 본거지로 사시는 분들이 많아요. 이 동네 토박이들이 많으시죠. 그리고 객지에서 들어오신 분들도 직장 때문이 아니면 이사하시는 분들을 거의 못봤어요. 한번 들어오면 거의 다 말뚝을 박으시더라고요, 저도 그렇게 됐고. 저도 이번에 이사하면서 다른 쪽으로 이사를 갈려고 집을 보러 다녔는데 그래도 여기에 정이 많아요. 살던 곳이 좋다라는 결론을 짓고 다시 신삼마을에 주저앉았는데 참 잘한 것 같아요.

골목에서 가장 문제가 되는것은 무엇이라고 생각하세요?

제가 봤을 때 골목에서는 주차 때문에 싸움도 제일 많이 일어나고 쓰레기 버리는 것도 종량제나 재활용 쓰레기 버리는게 잘 안되더라고요. 그런 거만 지켜 준다면 여기는 솔직히 싸울 일도 없고 사람들이 정도 많긴한데 조금 그런 의식이 부족한 분들 때문에

동네가 시끄러울 때가 가끔 있어요.

마지막으로 하고싶은 말씀 있으신가요?
솔직히 저는 여기서 나는 뜨내기다 라고 생각을 했어요. 동네에 애착심도 없고 무슨일이 있어도 건성으로 보고 다녔거든요. 그런데 요즘은 나도 이제 이 동네 사람이 되가는구나 하고 마을이 바뀌는게 조금씩 조금씩 보이더라고요. 그래서 나도 이제 이동네 사람이 되가는구나 하고 느끼는 것 같아요.

> "항상 어디 근처에 차를 댈 수 있게
> 의자를 갖다 놔주시고
> 저 올 때까지 기다리셨다고 올라가시고
> 너무 고마우셨죠."

INTERVIEW

박은희 _거주민 인터뷰

면 담 자	변혜정
면담대상	박은희
거주이력	신월3동 20년 거주민
거주지주소	가로공원로 92-5

"장난감 딸린 과자를 사주면 애기가 너무 좋아했죠"

본인 소개 부탁드릴게요.
저는 두 남자아이를 키우고 있는 주부 박은희라고 합니다 지금 아이들하고 신랑하고 4명이서 살고 있어요.

신삼마을에는 언제 오셨나요?
결혼을 2001년도에 했으니까..결혼하고 왔거든요. 그리고 한 1년 좀 넘게 시댁에서 살다가 그 근처로 다시 분가 했죠. 그리고 나서 첫 아이 임신해서 낳고 8년 차이나는 동생 낳고 현재 거주 중이에요.

처음 오셨을 때 신삼마을은 어떠셨나요?
너무 싫었어요 소음때문에. 어느 정도였냐면 토요일 쉬는 날도 회사가고 싶을 정도로 조금 스트레스가 심했어요. 지금은 소음이 줄어들긴 했죠 비행기가 덜 다니니까.

신삼마을에 관한 추억이나 기억나는 사건같은게 있으신가요?
저는 직장생활을 계속해서 많이 있지는 않은데 쉬는 날이면 애 손잡고는 골목골목 수퍼같은데 돌아다니고, 그러다 보면 애들이 장난감 딸린 과자같은걸 사주면 너무 좋아했죠. 행복마트가 큰애 단골 수퍼에요. 평일에는 어머님이 봐 주시니까 어머니하고도 맨날 들리는 것 같아요. 주인 아저씨가 너무 잘 알고 있으니까 지금도 이름도 알고 계시고요.

간식말고 음식같은걸 구매하실 때는 어디로 가시나요?

음식은 떡같은 건 시장에서 사요. 원래 오복 떡집이 시장 안에 있었는데 이사를 해서 이제 좀 거리가 멀어졌어요. 원래 뜨개질 하는 곳이 떡집이었어요. 그 떡집이 맛있다고 소문나가지구 처음에는 딴데로 갔을까봐 깜짝 놀랐어요. 대대로 아드님이 물려받아서 같이 하시는 것 같은데 오래되면 신용이 있으니까 명절에는 다들 거기로 가시는 것 같아요.

애들을 데리고 다니시면서 특별한 일은 없으셨나요?

"쉬는 날이면 애 손잡고는 장난감 딸린 과자같은걸 사주면 너무 좋아했죠."

또 근처 골목에서는 주말에 제가 쉴 때면 그 또래 애들 나와가지고 거기서 자전거 같이 타고 킥보드 타고, 엄마들끼리는 얘기하고 애들은 간식 같은 거 조금씩 사가지고 엄마들끼리 돗자리 펴놓고 앉아서 얘기하고 그랬었죠.

아이들이 놀이터에서는 안놀았나요?

놀이터, 저기 남부 놀이터에서 많이 놀았죠. 대신 위험하니까 집이 가까워도 같이 나가 있고...거기서도 똑같아요 엄마들끼리 수다 떨고 애들끼리 놀고. 지금은 공사해서 더 좋게 변하긴 했는데 어떻게 보면 옛날이 더 나았던 것 같아요. 지금은 엄마들이 별로 없고 애들만 놀고 있으니까요.

신삼마을의 시장이 많이 축소된 것에 대해 어떻게 생각하세요?

요즘 젊은 사람들은 현금을 잘 안가지고 다닌다고 그랬잖아요? 그러면 카드가 되어야 하는데 여기 신월3동은 카드 자체가 안되고 다 현금으로만 받으시니까...나이 드신 분들만 조금씩 오지 젊은 사람들은 거의 안가는 것 같아요. 대형마트나 이런데로 가지. 그리고 굳이 급하게 필요하면 요즘은 인터넷으로 다 되니까요.

신삼마을 골목에 대해 바라는 점이 있으신가요?

골목 이런 데는 쓰레기가 잘 정돈 됐으면 좋겠어요. 쓰레기 버리는 날이 따로 있잖아요 월, 수, 금. 근데 저녁 8시에 이제 배출을 하라고 이야기를 해도 사람들이 출근하면서 내놓고 일찍 내놓고 하니까 거기가 너무 지저분해져요. 며칠 전에는 일반쓰레기인데 음식물을 집어넣어서 구청에서 나와서 그 쓰레기를 다 펼쳐서 뒤지고 계시더라구요. 제가 몇번이나 봤거든요. 그런걸 보면 쓰레기 버리는게 좀 안되어 있는것 같아요. 여기 고양이도 많아서 음식 쓰레기 일반쓰레기도 버리면 고양이들이 다 뜯어버리고 너져분해지고..냄새가 나니까 올 여름에 걱정돼요.

INTERVIEW

최영주 _거주민 인터뷰

면담자	변혜정
면담대상	최영주
거주이력	신월3동 40년 거주민
거주지주소	남부순환로 54길 51-1

" 타임머신이 생기면 좋겠다고 생각해요"

본인 소개 부탁드립니다.
최영주이고 이제 만 40세가 됐고요. 주거 형태는 지금 다가구, 빌라라고 그래야 하나? 다가구 주택에서 지금 한 5가구정도가 같이 살고 있어요. 위아래층으로 각자 다른 집이고 그 다음에 저희는 5명, 아이셋에 저랑 신랑까지 5명이 살고 있어요.

신삼마을에는 언제부터 거주하신건가요?
지금 그쪽 골목에서는 11년 정도 됐어요. 그전에는 고강동에서 잠깐 살다가 그전에 신월 청소년 센터 농구장이 있던 자리가 예전 집이 있던 곳이에요.

옛날 신삼마을은 어떤 모습이었나요?
완전히 시골이요. 그 앞에가 거의 공사도로였어요. 다 저런 차도가 아니라, 막 흙이 있고 이래가지고. 예전에 비포장도로였고 개천이였다고 그러던데 물이 흘렀다고 얘기는 들었거든요. 그건 어릴 때 기억은 없는데.. 제가 기억하는 건 공사장, 다 공사하고 있었던건 기억이 나요.

상가같은 것들도 없었나요?
완전 애기때는 기억이 안나고 초등학교 때는 상가들이 많았어요. 신발가게, 가방가게, 음반파는 가게..그때는 활성화가 엄청 잘 됐었어요. 저 어릴 때 공사가 싹 끝나서 가로공원이 조성이 된거에요.

골목에 관한 기억나 사건 추억같은게 있으신가요?
저희때는 골목이 다 놀이터였어요. 어디를 가도 다 즐거웠

고, 지금은 차가 많고 오토바이가 많아서 애들을 앞에 내놓기도 힘들지만 그때는 어디를 가도 위험한게 없어서 놀이터에서 놀아도 다 즐거웠어요.

그때도 놀이터가 있었나요?
음 나무놀이터(현 경인놀이터), 그러니까 양서중학교에서 올라오는 그 놀이터가 예전에는 흙 놀이터였어요. 그래서 뱅글뱅글 도는것도 있어서 손 놓고 놀기도 하고 동전도 줍고 그랬죠. 애들이랑 군것질도 해 먹고, 애들이랑 술래잡기 얼음땡 이런것도 많이 했고. 놀이터에서 고무줄도 많이 했네요. 진짜 검정고무신 만화처럼 고무줄 하면 남자애들이 와서 끊어 먹고 이런거 진짜 저희도 했고, 골목에서 콘티찐빵?이라고 그래야 하나 그런것도 많이 했어요?

콘티찐빵은 어떤 놀이인가요?
콘티찐빵 선을 그려서 땅을 넘어가고 하는 놀이에요. 그런데 이게 가면서 말이 바뀌었을 거에요. 저희는 개뼈다귀도 있었고..이건 뼈다귀만 그려서 술래가 밖에서 지나가는 애들을 잡는거에요. 그때는 벽에다 그림 그려도 주민들이 뭐라고 안했는데 지금은 되게 혼내고 그러죠. 그런거 말고는 벨누르고 도망가는 것도 많이 해봤죠.

옛날에도 벨이 있었나요?
네 좋은집은 벨이 있었어요. 안되는 집도 있었지만 좋은 집은 삐 소리나는 그런것도 해봤고, 그 다음에 옛날에 살 때는 앞집, 옆집, 뒷집 다 아는 사람들이라 음식같은거 하면은 서로 나누어 먹고 이런게 있었는데 지금은 너무 없어요.

시골하고 똑같았네요.
그냥 문을 열어놓고 살았거든요. 금산연립 살 때도 그냥 문을 열어놓고 살았어요. 다 가정사 알고 누가 싸우면 가서 말려주고 이런것도 했는데...지금은 다들 문을 닫고 살고 누가 위, 아래 사는지 모르니까 그런건 조금 옛날이 그리워요. 서로 다 아는 사람들이었으니까...어릴때는 왜 저렇게 문을 열어놓고 사나 이런 생각이 있었는데 다들 좋으신 분들을 만났었고, 김치를 하나해도 한쪽씩 다 나눠주시고 그러면 저희도 받았으니까 어머니가 부침개를 해서 넘겨주시던지 했었죠. 그때는 재미있었던 것 같아요. 층간소음 이런것도 모르고 살았었고요. 그런데 지금은 조금만 뛰어도 달려오니까요.

옛날이랑 차이가 많이 나네요
응 조금 그래요. 아무리 밑에는 애를 다 키웠다지만 우리는 애들이 있는데. 한번은 학교 준비를 하는데 딸이 책을 하나 떨어뜨렸는데 밑에서 막 쿵쿵쿵 치는거에요. 그러더니 뛰쳐 올라왔더라구요. 근데 그때가 8시였는데 꼭두새벽부터 뭐하냐고..저는 그게 더 이해가 안되는 거에요. 그 시간까지 자고있는 아들도 문제지만 이게 어떻게 꼭두새벽이지? 이런 생각도 들고..우리는 애를 키우니까 이해를 해줬으면 좋겠는데 계속 티격태격 하니까 옛날이 그립다 이런생각이 조금 많이 들어요.

청소년 센터 쪽에 사실때는 어떠셨나요?
지금은 골목에 애들이 없는데 그때는 지나가기만 하면 다 친구들이야, 그래서 혼자 나와도 학교가는데 심심한게 없었어요. 그때는 삐삐나 이런게 있던것도 아닌데 나오면 다 만났어요. 꽤 먼 거리지만 다들 그 시장근처에 사니까..지금 체리이야기, 그러니까 청소년 센터에서 내려와서 토마토분식(현 체리이야기)지나서 동사무소 언덕으로 올라가거든요, 큰 길로 안가고. 큰 길은 차가 다니니까 애들이 없었고, 그쪽으로 가서 놀이터쪽으로 가면은 친구들을 다 만났어요. 어쩔 때는 학교 가야 하는데 놀이터에서 놀다가 지각하는 경우도 있었죠. 그 다음에 학교 앞에 불량식품 파는 것들 뽑기 같은 것들도 해먹고, 종이뽑기 해서 꽝이 나오면 아줌마가 땅콩 카라멜 한 세 개 씩 주고 그런 재미가 있었는데 지금은 없어요. 학교 앞에 문방구도 사라졌구요.

지금이랑 비교가 많이 되는것 같아요.
네. 확 되는것 같아요. 그러니까 재미있었던 추억이 없어요. 우리는 학교 준비물을 다 우리가 준비해야 됐었는데 지금은 학교에서 다 해주더라구요. 세상이 좋아졌다라고 느끼긴 하지만 그런 추억들이 없어요. 문방구도 뭘 파는것 없이 불량식품만 팔더라구요 이제는. 지금 여기 신원 초등학교 앞에 보면 원래 문방구가 2개가 있었는데 지금은 둘 다 사라졌어요, 그러니까 애들한테 이제 문방구가 필요가 없어진거죠.
그때 우리는 되게 즐거웠던 것 같아요. 지금 운동회는 학년을 나눠서 해요. 홀수학년 짝수학년 이렇게 따로 따로 하는데, 우리때는 대 운동장이잖아요. 온 동네 사람들이 다 모여가지고 돗자리 깔고 음식 다 해오고, 진짜 잘 살던 집이 치킨도 튀겨야하고, 어쩔 때는 짜장면도 배달해 오고 제일 좋았던게 가족들이 다 모이니까 그런게 좋았죠. 그 다음엔 엄마들도 운동회 한다고..그때는 상품도 줬어요. 운동회를 하면 지금도 주긴 하는데 그때는 할머니들도 뛰쳐나오시고 그랬으니까..왜 예전처럼 못하지 이런 생각도 들죠. 일단은 애들이 그렇게 많지도 않아요. 그때는 한반에 60명이 넘었었는데 지금은 30명이 안돼요. 한 열 몇 반씩 있었던걸로 기억나는데 지금은 세 반, 네 반 정도로 애들도 많이 줄어어요.

그러면 토요일이나 일요일에는 어떤걸 하면서 노셨었나요?
경인놀이터 가서 그네타고, 뺑뺑이도 돌리고, 미끄럼도 타고, 그때는 놀이터가 제일 좋았던 것 같아요. 그때는 그네가 쇳덩이리 같은 그네였는데 그거때문에 많이 다쳤었어요. 설치도 낮게 되어있고, 그때는 시시 티고, 누워서 타고 그러다가 머리 쿵 박고 떨어지면 다치고..친구들 중에는 몇바늘 꼬맨 애도 있고요. 거기가 분명히 흙인데 돌이 있어요. 뭐 그래도 좋다고 놀았으니까..집에가서 혼나는거죠. 피가나면 빨리 집에 와야지 왜 빨리 와야지 안오냐고 지금이야 애들 tv프로그램이 종류가 많은데 우리때 주말에는 아침에만 잠깐만 했으니까

"어릴 때 소중한 추억? 이거는 뭘 줘도 못바꾸는 추억이죠. 다시 그때로 가고싶다, 진짜 타임머신이 생기면 정말 좋겠다고 생각하죠."

요. 만화 한시간 정도가 끝나면 밥 먹고 나가서 저녁먹을 때 쯤 집에 오곤 했죠.

너무 늦게 와서 어머니께서 찾으러 오시진 않으셨나요?
처음엔 찾으러 다니시다가 이제 포기하시거든요. 그리고 그때는 배고프면 다 들어가요. 아침먹고 나갔다가 점심도 안먹고 놀고, 들어가서 저녁 먹고 자고 그랬죠. 그리고 소독차가 연기를 하얗게 뿌리는데, 지금은 되게 약하게 나와서 재미가 없잖아요. 그때는 그거를 막 뿌려가지고 앞이 안보일정로 뿌려서 친구들끼리 그거 쫓아다니고, 따라가다 보면 어느 순간 길을 잊어버려요. 근데 어차피 이 동네니까 가다 보면 탐험하는것 같은 느낌도 들고, 가다가 친구도 잊어버리고 어느순간 안 보이면 집에 갔나 하고 생각했죠. 그때 당시에는 전화기가 없었으니까 연락도 못 했잖아요? 대신에 엄마가 친구들 전화번호를 다 알고 있어서 집에 들어갔는지 안들어갔는지 엄마들끼리 확인도 하고 그랬던것 같아요. 결혼전에 아가씨 집에서 예전 전화번호를 봤어요. 제가 아가씨랑 친구였더라구요. 근데 언제 놀았는지도 모르겠어요. 제가 양원으로 옮길 때 아가씨는 신원을 계속 다녔으니까 그때

INTERVIEW

헤어졌나? 전혀 기억이 없는데 제가 가서 놀았었나봐요.

그런 기억과 추억이 지금 어떤 의미가 있으신가요?
어릴때 소중한 추억? 이거는 뭘 줘도 못바꾸는 추억이죠. 다시 그때로 가고싶다, 진짜 타임머신이 생기면 정말 좋겠다고 생각하죠.

현재 신삼마을 골목에 대해서는 어떻게 생각하세요?
지금은 사람이 없어요. 학교 안 가는 날이면 애들 목소리로 시끌벅적했거든요. 그런데 지금은 아예 골목에 사람을 못봐요...코로나 때문에 더 그런 것 같고요. 시장도 많이 죽었어요, 그때는 바글바글 했거든요~ 우리 때는 가방을 사도 동네에서 살 수 있었고, 신발을 사도 동네에서 살 수 있었는데 지금은 그럴 수가 없어요. 신발가게도 없고, 가방가게도 없고 많이 죽었어요. 이게 다시 살아날 수 있을까? 이런 걱정이 많이 되는것 같아요. 살려보려고 노력하시는데 조금은 힘들지 않을까 이런생각? 뭐 하나가 들어와도 얼마 안 있다가 다시 문 닫고 가게가 나가고 이러니까.

신삼마을에서 가장 문제가 되는 것은 무엇이라고 생각하세요?
주차문제요. 여기는 주차가 너무 안돼요. 주차장이 생겨도 골목이 좁아서 자리가 없으니까요.

앞으로 신삼마을 골목이 어떻게 변하면 좋으시겠어요?
예전처럼 활발한 사람들을 구경할 수 있는곳이 됐으면 좋겠어요. 지금 여기는 사람 얼굴을 못 보고 사는 것 같아요. 그러니가 누가 사는지도 모르고, 서로 못 믿으니까... 타양사람도 많고 잘못 쳐다보면 칼부림 날까봐 무섭고요. 그런게 뉴스에 많이 나오잖아요. 그래서 조금 걱정되는게 있어요v.

INTERVIEW

김진영 _파코카페 주인 인터뷰

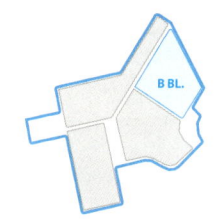

면 담 자	김승연
면담대상	김진영
거주이력	-
거주지주소	가로공원로 64길 25

"용감한 학생 덕에 무섭지 않았어요"

본인 소개 부탁드립니다.
안녕하세요 이름은 김진영이라고 하고요 30대 후반입니다. 동사무소 앞에 있는 파코라는 가게를 운영하고 있습니다.

신삼마을 골목에 오게된 계기가 있으신가요?
어머니 친구분이 부동산을 하세요. 그분이 여러군데를 소개시켜주셨는데, 그중에서 여기가 제일 마음에 들어서 오게 되었습니다.

어떤점이 가장 마음에 드셨나요?
다른데에 비해서 크기도 크고, 화장실도 남녀 구분이 되어있어서 카페를 하기에 좋을 것 같다고 생각했죠

중,고등학교를 모두 신월3동에서 나오신걸로 알고 있는데 그때와 지금을 비교하면 달라진 점은 무엇인가요?
그때는 뭐랄까 중 고등학생이었으니까, 말 그대로 친구들과 어울려 다니기 바빴거든요. 그래서 여기 골목을 잘 안다녔어요. 가봤자 떡볶이집에 음식 먹으러 다니는게 다였고. 학교를 다녔지만 집이랑 방향이 틀려서 그런것도 있고요. 현재는 골목길이 많이 죽었다고 그래야 하나..? 시장이 특히 많이 죽었다고 봐야죠, 채소가게도 많이 사라졌고요. 저는 가뭄에 콩나듯이긴 하지만 이동네에 친구들을 만나러 와요. 그러면 음식점을 많이

INTERVIEW

갔었거든요 그런데 지금은 음식점도 많이 사라진 것 같더라고요.

또 다른 기억 나는게 있으신가요?

그거말고 야채가게가 많이 사라져서 슬프고, 고바우 마트가 사라져서 슬프죠. 큰 마트가 사라지니까 다른데에서 물건을 구하기가 힘들더라구요. 고바우마트는 그래도 야채부터 시작해서 신선한 것들도 많고, 제가 쓰는 물건들이 많았었는데 사라지니까 구할 수 있는 물건이 많이 없더라구요.

현재 신삼마을 골목은 어떠신가요?

지금 골목은 뭐라고 해야할까...처음에, 아침에 딱 출근함녀 되게 깨끗해요. 카페가 동사무소 앞이라서 청소를 해주시는 어르신들이 많으셔서 깔끔하거든요. 근데 그분들이 쉬는 날이면 너무 골목이 지저분해요. 쓰레기를 함부러 버리시는 분들이 있는것 같은데 그런 것들만 좀 없어졌으면 좋겠어요. 왜냐하면 그분들이 청소를 해주시면서 일거

리를 얻으시지만 그래도 너무 엉망으로 쓰는것 같거든요. 너무 보기가 싫더라고요.

지금 가게를 하시면서 힘들었던 점이 있으신가요?

저희 가게 바로 앞에 교회가 많아요. 저희가 지금은 일요일에 문을 닫지만, 예전에는 일요일에 문을 열었거든요. 한번은 일반 손님들하고 교회 손님들하고 같이 섞여서 오신적이 있었거든요.한 손님이 작업을 하고 계셨어요. 그분은 원래부터 카페에서 작업을 많이 하시던 손님이셔서 별로 신경을 안쓰고 있었죠. 그런데 그분이 한 30분도 안있고 나가시더라고요. 그래서 왜그

러냐 여쭤보니 그 옆에 계신 아주머니가 계속 전도를 하셔서 그런 거라더라고요. 여기는 교회가 아닌데 전도까지 하는 건 좀 심했다고 생각을 해요.

그럼 일을 하시면서 좋았던 기억은 없으신가요?

좋았다기 보다 황당했던 경험이라고 얘기를 해야하는데 저녁에 어떤 나이드신 분이 오셔가지고 자기 집이 어디냐고 물어보셨어요. 그때 가게에 계신 손님들께서 저기 동사무소에 가시라고 이야기를 했어요. 그래서 동사무소 가시니까 직원분이 그분 집을 찾아주시더라고요. 그런데 며칠 후에 그분이 저희 현관문 앞에 앉아 계시더라고요. 저번에 오신것도 있고 밤이라 불안하니까 파출소에다 바로 전화를 했어요. 전화를 해서 이 분이 쓰러져 있으니 좀 도와달라, 빨리 와달라 하고..경찰분들 오시고 나서 저희는 앞에서 동태만 살피면서 서있었죠.그러고 있으니까 고등학생 친구가 와서 경찰에 신고해드릴까요? 묻더라고요.이미 연락을 했다고 제스처를 취했

는데 그분이 큰 목소리로 경찰서에 신고하지 말라고 그러더라고요, 삿대질을 하면서. 그러니까 조금 무섭더라고요. 그 학생분이 경찰서에 신고해 드릴까요? 하고 한번 더 물어보니까 그분이 신경질을 내셔서..이건 안되겠다 싶어서 다시 경찰서에 전화를 했죠, 빨리 오셔야할 것 같다고. 그런데 저희는 신월3동에 파출소가 있는줄 알았는데 그게 아니고 신월 1동 파출소에서 순찰을 돌고 가야해서 시간이 걸린다고 하시더라고요. 그래서 그때 여기에 파출소가 없다는 걸 처음 알았어요. 하여튼 그래서 발만 동동 거리고 있는데 동네 주민 남자분들이 오셔서 집에 빨리 가라고 해주시고..기다리니까 경찰차가 왔죠. 경찰분들이 오시니까 그제야 가셨죠.

현재 신삼마을 골목에서 가장 문제가 되는것은 무엇이라고 생각하세요?
파출소가 없는것 하고, 여기에 구급차 같은 걸 빨리 보내줄 수 있는 기관이 있었으면 좋겠어요.

앞으로 신삼마을 골목이 어떻게 변하면 좋을 것 같으세요?
저는 골목이 약간 넓어졌으면 좋겠어요. 주차 문제도 되게 말이 많거든요. 손님들도 그렇고 주차장이 있다고 얘기는 하는데, 골목이 좁으니까 차를 골목에 주차하면 한대밖에 차가 못지나 가잖아요. 아니면 차를 주차를 못하게 막든가 해야하는데 그럴수는 없잖아요, 사람들이 차를 운전하고 다니는데. 그러니까 골목 골목 사이가 좀 넓었으면 좋겠어요.

위에서 말씀해주신 경험들이 어떤 의미가 있을까요?
여러 사람들을 만났지만 그런 어린 학생이 112에 전화를 할 수 있는 그런 용기가 있다는게, 무시하고 갈 수도 있잖아요. 나랑은 관계없는 일이야 하고, 무시하고 갈 수 도 있는데 그래도 전화 한 번 누를 수 있는 그런 정의감이 있다고 생각을 해요. 신삼마을에 있는 학생들은 순진하고 애들이 착해요. 있으면 인사도 잘하고 그런 것도 진짜 보기 좋은 것 같아요.

> "그러고 있으니까 고등학생 친구가 와서 경찰에 신고해 드릴까요? 묻더라고요."

INTERVIEW

강향순
_너랑나랑뜨개방 주인 인터뷰

면 담 자	김승연
면담대상	강향순
거주이력	신월3동 10년 거주민
거주지주소	남부순환로 60길 28-27

" 혼자살다 보니, 무서운 날도 있죠"

본인 소개 부탁드립니다.
네 제 이름은 강향순이고요, 신월3동에서 혼자 살고 있습니다.

신삼마을 골목에 관련돼서 생각나는 기억이나 경험, 사건들이 있으신가요?
아 내가 여기를 그때 당시에 보니까 시장 골목이 너무 좁아가지고...차가 많이 지나다니고, 그 차 백미러에 사람들이 다쳐가지고, 교통사고도 당하기도 하고 발디딜 틈 없이 걸어 다니고 그랬어요.

예전에는 차를 운전하셨던걸로 알고 있는데 요즘에는 운전 안 하시나요?
나이도 있고, 무릎도 아프고 해서...걷지를 않아서 무릎이 아픈 것 같더라구요. 그래서 차를 팔고 걸어다니니까 좀 괜찮아진 것 같아요.

신월 3동으로 오시게 된 계기는 무엇인가요?
애들 다 시집보내고 여기가 집 값이 싸니까 오게 됐어요. 딸들이 집에 오면 차를 가지고 오는데 골목이 좁으니까 불안하긴 하지만 그래도 어쩧

게 편하게 살고 있어요. 그런데 우리집 골목에 성폭력 범죄자가 발찌를 차고 돌아다닌다는 소리에 깜짝 놀라서 들어보니까 우리 바로 뒷골목이더라고요, 심지어 앞집. 여자 혼자 사는데 창문으로 내다보고 들여다보고 한 적도 있어서 좀 무섭더고요.

무서운 기억 말고 좋은 기억도 있으신가요?
좋은 기억은 아무래도 이제 편하게 사니까, 누구 간섭 안 받고 사는거하고 그때 당시에는 여기가 물가도 싸고 시장도 가깝고 그래서 살았죠.

선생님께서도 뜨개방을 하고 계신데 힘든 일은 없으셨나요?
처음에는 사람들이 모르더라고요. 모르시다가 이제서 조금 알려져가지고 가게를 하고 있어요. 처음에는 다들 모르시니까 아 이거를 해야되나 말아야되나..접으려고도 생각을 했었는데요, 지금은 조금 나아진것 같아요.

뜨개방을 하시면서 기억에 남는 손님이 있으신가요?

실을 주문하시는 분들 중에 말씀해 주신 실을 분명히 주문해서 드렸는데 막상 실을 드리면 색이 원했던 색이 아니라고 하시고 그냥 가시면 조금 화가 나더라구요..예전에는 내가 그냥 사람만 믿고 돈을 안받고 주문을 했는데 아 이제는 돈을 받아야 겠다라는 걸 느낀것 같아요.

현재 신삼마을 골목에 대해서는 어떻게 생각하세요?
지금은 주차장이 많아지고도 했고 공용 주차장이 생긴거는 괜찮은 것 같아요. 그런데 저희 딸이 김포 장기동 쪽에 사는데, 이야기를 들어보니까 다 그쪽으로 이사를 가서 그런거라고 하더라구요. 그래서 그런지 젊은 사람들이 없고, 노인들만 있는건 문제인 것 같아요.

앞으로 신삼마을이 어떻게 되었으면 좋을것 같으신가요?
마을이 더 활성화가 돼가지고 젊은 사람들이 안주하게끔 지원을 해주면은 어떨까 하고 생각은 해요. 젊은 사람들이 좀 많아야 발전이 될 것 같아요.

INTERVIEW

진우택 _야쁨내 슈퍼 주인 인터뷰

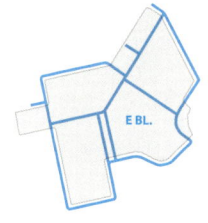

면 담 자	변혜정
면담대상	진우택
거주이력	신월3동 51년 거주민
거주지주소	가로공원로 64길 25

"옛날에는 다 호롱불을 켜고 살았어요"

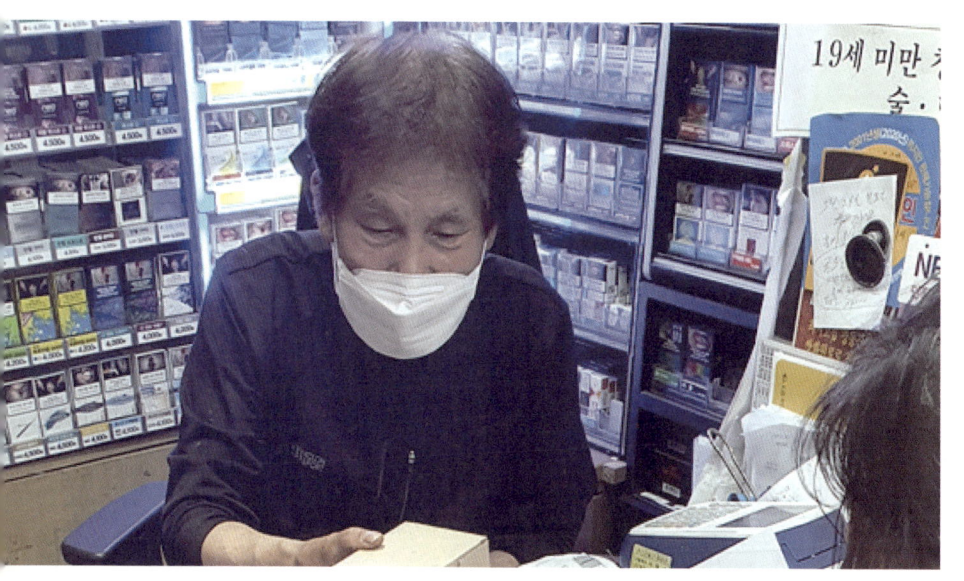

본인 소개 부탁드립니다.
진우택입니다. 152-37번지에 거주하고 있습니다. 누님 가게를 운영하고 있습니다.

신삼마을에는 어떻게 들어오게 되셨나요?
71년도에 여기에 누나집이 있어서 들어오게 됐어요. 지금은 아내하고 둘이 살고 있습니다.

신삼마을에 처음 오셨을때의 느낌은 어떠셨나요?
여기는 그때만 해도 전기도 안 나오고, 호롱불로 다 살았어요. 길은 지금 이 길이 개천이었고요. 그때는 슈퍼는 안 하고 직장을 다녔고요, 슈퍼를 하게된지는 한 7년 정도 된 것 같네요. 가게이름은 야뽐내에요. 야 뽐내 봐 이런 뜻인데 악세사리 같은거랑 옷 같은거를 했었어요.

사건이라든지 추억에 남는 일이 있으신가요?
그 전에 직장다닐 때는 집이 저쪽 건너 산 밑에 있었는데 여기서 쭉 버스를 디고 갔어요. 뚝방길로 나가서 세일병원 있던 곳에서 버스를 탔어요. 그 전만 해도 거기서 사람이 막 뛰어 가면 차가 기다려 줬어요. 버스가 기다려 줬다가 모두 태워 가곤 했어요. 버스 타는 곳 양쪽으로는 논이 있었고, 시장 있는데는 산이였어요. 거기에 묘가 있었고요. 저쪽 건너 남서울 상고(현 서울 금융고)도 산이였고요. 이 슈퍼 자리는 개천길이라 집이 몇집밖에 없었어요. 내가 있을 때만 해도 예비군이 신월동에 일개 소대밖에 안됐으니까 그렇게 사람이 집에 없었죠. 73년도에 철거민들이 오면서 여기가 이렇게 개발이 된거죠.

여기가 장화를 신고 와야 할 정도였다고 그러던데 비가 올 때는 어떠셨나요?
그 전에는 괜찮았지요, 산이 있을때는. 장화를 신어야한다고 할 적에는 정부에서 와가지고 산을 밀었잖아요. 산을 밀고 이렇게 만들어 놓으니까 그때 당시는 물도 잘 안빠지고 이러니까 장화를 신어야한다고 말이 나온거죠.

따로 생각나는 기억이 있으신가요!
원래 그 전에는 비만 왔다 그러면 토끼도 잡아먹고 돼지도 잡아먹고, 닭도 잡아먹고 그랬지...그때는 많이 잡아먹었어요. 그거 말고는 가로공원 길 이쪽이 다 논이었어요. 다 농사를 지었어요.

서울인데도 농사 짓는 분들이 많이 계셨나요?
옛날에는 여기가 김포땅이였어요. 등기부 등본 때보면 김포땅이었어요. 그래서 비행기도 내리고 그랬어요. 공군들 다 여기에서 다 훈련을 했어요. 공수부대 사람들도 늘 훈련을 하고 그랬어요 그때만 해도.

그럼 그때부터 비행기가 많이 다니게 된건가요?
그러니까 70년대는 비행기가 별로 없었는데, 86아시안 게임, 88올림픽때 해가지고 활주로가 두개가 생긴거에요. 여기 산을 깎아서 활주로를 만들었어요. 그때부터 비행기가 많이 다니게 된거죠.

현재 신삼마을 골목의 문제점은 무엇이라고 생각하세요?
그 전에 한번 물이 넘쳐가지

고 시장이 다 잠겼잖아요. 그런게 문제였는데 작년인가에 하수구 공사를 다 다시해서 이젠 괜찮은것 같아요.

신삼마을에 앞으로 바라는 점이 있으신가요?

바라는거는 애들을 낳으면 정부에서 보조를 많이 해줬으면 좋겠어요. 그리고 우리동네가 복지는 잘 돼요 지금. 복지는 잘 되는데 엉터리가 되는거에요. 나이가 조금만 많으면 조금 아프다 이러면 복지에 그걸 다 만들어 가지고 일을 안하잖아요. 그 사람들은 일을 하면 돈을 안주니까..무조건 얻어가서 먹고 편하게 놀려고 하는 그런 사람들이 너무 많아요. 꼭 필요한 사람들이 지원을 받았으면 좋겠어요.

"여기는 그때만 해도 전기도
안 나오고, 호롱불로 다
살았어요. 길은 지금 이 길이
개천이었고요."

INTERVIEW

이문자 _거주민 인터뷰

면 담 자	김억부
면담대상	이문자
거주이력	신월3동 48년 거주민
거주지주소	남부순환로46길 42

> " 옆집에 불이 났는데,
>   우리집도 다 타버렸어요 "

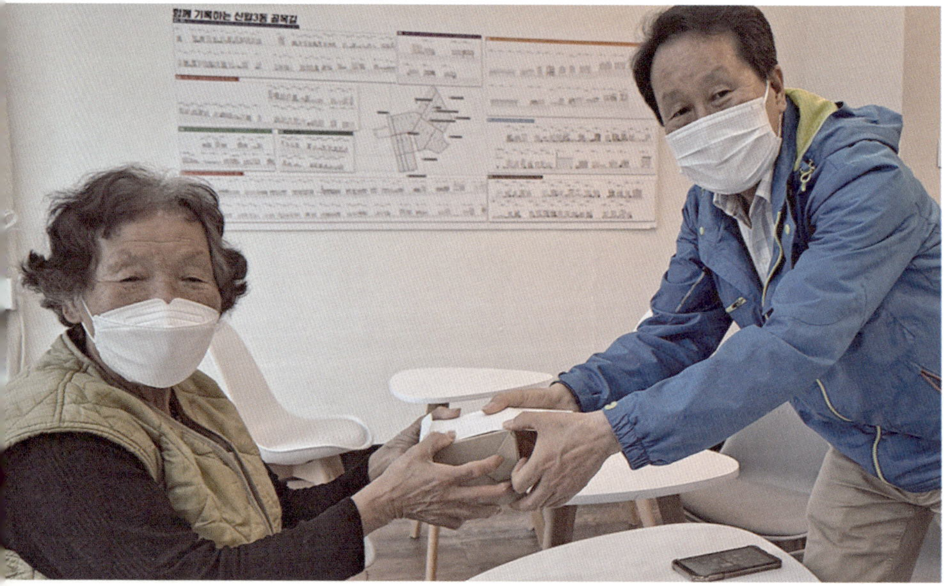

본인 소개 부탁드립니다.
이문자에요. 단독주택에 혼자 살고 있어요. 사는곳은 신월3동 176-23번지에요

신삼마을에 거주하시면서 느꼈었던 추억이나 경험, 사건 등이 있으신가요?
75년도에 이사를 왔는데 불이 한번 난적이 있어요. 불이 난 후에 살려니까 참 고통스러웠죠...2년동안 수리를 하면서 살았어요. 그리고 그때는 내가 직장을 다녀서 바쁘게 살았죠.

남편분은 어떤일을 하셨나요?
경비일을 했어요.

자녀분들과의 재밌는 추억 같은 건 없으신가요?
재밌는거는 뭐 애들이 다 장성해서, 결혼도 하고 따로 살고 하는 거죠

생활하시면서 불편한 점은 없으신가요?
불편한건 딱히 없고 몸이 좀 힘든거 밖에 없는 것 같아요. 도시가스 설비가 안되어 있이서 좀 불편한 것 같아요. 설비까지 해준다고 그러더니 그걸 안해준다고 하더라고요. 그래서 가스통을 연결해서 쓰고 있어요.

이사오기 전에는 어디에 거주하셨나요?
신정동에서 한 2년 살다가 일로 이사를 왔죠. 신정동에서 살다가 집을 팔고 이 동네로 이사를 왔어요. 현재 사는 집은 안에만 수리를 했어요. 이웃집에서 불이 나서 훌딱 다 탔거든요. 제가 일을 갔다가 9시쯤 와서 보니까 다 타버리고 아무것도 없더라고요.

선생님께서는 그 당시에 어떤 일을 하셨나요?
그때는 노동을 했어요, 그게 돈을 제일 많이 받았으니까요. 벽돌 짓는 일이었어요. 한 12년 정도 했죠. 그리고 수술하고 나서는 다른 일을 했죠.

집에 불이 났던 건 다 수리를 하신건가요?
불 난 집 수리는 싹 했어요. 도시가스두 놓으려고 했는데 제가 살다 보니까 그냥 편해서 살다 보니 못났죠

신삼마을에서 가장 필요한 건 무엇이라고 생각하시나요?
지금 생활하면서 가장 필요하다고 느끼는건 가스죠.

시장에서 다른일은 어떤걸 하셨나요?
여러가질 만들었죠, 뜨개질도 하고 했죠. 수세미도 만들고, 겨울에 나무가 얼어서 죽지 않게 뜨개질로 떠서 덮기도 하고, 여러가지 공연도 나갔어요. 노래하는 공연인데, 단체로 나가서 노래도 했죠. 지금은 노인 복지관에 나가서 청소일을 하죠. 코로나긴 하지만 나가서 일은 계속 하고 있어요.

신삼마을이 어떻게 변했으면 좋을 것 같으신가요?
여기는 사업도 안되고..비행기 소음문제도 있고...그래서 재건축도 안되고 그래요. 재개발이 되서 지하철이나 이런 인프라가 생겨서 조금 더 살기 좋은 마을이 되었으면 좋겠어요.

INTERVIEW

장진숙 _짱잘헤어 주인 인터뷰

면 담 자	강혜영
면담대상	장진숙
거주이력	신월3동 40년 거주민
거주지주소	서울시 양천구 남부순환로36길 9

> "삼일교회 앞이
> 우리의 놀이터였죠"

본인 소개 부탁드립니다.
신월3동에서 85년부터 살고 있는 장진숙입니다. 그렇게 얘기하면 되나요..? 5살 때부터 살았고, 신월동 교회 바로 앞에서 살았습니다.

그 자리에는 지금 주민센터가 있는걸로 알고있는데, 주민센터가 없을 때부터 살아오신건가요?
네 지금 그대로 남아있는거는 신월동 교회밖에 없고요, 신월동 교회도 제가 기억이 정확하진 않은데 그때 다 안 지어진 상태였던걸로 기억하거든요. 그리고 동사무소랑 양서중학교 이런 자리는 다 공터였어서 거기에서도 많이 놀았고, 주민센터는 판자촌이라고 해야되나? 그런식으로 십이 다 되어 있었죠.

현재 가족 관계는 어떻게 되시나요?
어머니 아버지가 바로 옆에 사시고, 남편이랑 아들 둘이 있습니다.

이 골목으로 이사온지는 얼마나 되신건가요?
성인이 돼서 신원중학교 앞으로 이사를 온 거고요. 그 전에는 계속 시장안에 살았죠. 시장 안쪽에서만 계속 이사를 다녔고, 회관앞에서도 살았고, 지금 현재도 남아있는 금성약국 그 뒤에도 살았었고요.

그 당시. 그 때 우리동네의 풍경과 분위기는 어땠었나요?
시장이 죽어있지는 않았던 것 같아요, 그때 지금 장사하시는 할머니들이 다 30~40대 였을 테니까...그때 제가 기억하는 시장은 되게 활기가 있었고요. 지금도 마찬가지지만 시골같은 그런 느낌이 있으니까 누가 옆에 사는지도 다 알고 지냈죠.

예전에 듣기로는 삼일교회 규모가 커진거라고 하던데 원래 어떤 모습이었나요?
제 기억으로는 삼일교회가 되게 작은 소규모의 단층짜리 교회였던걸로 기억하고, 그 앞이 저희의 놀이터였죠. 지금 삼일교회는 지나가다 보니까 청년들 뭐 하는 그런 공간도 따로 생기고 그랬던 것 같은데.. 그 공간이 저희 어릴때는 슈퍼였거든요. 그 앞에서 옛날에는 보글보글 오락하고, 불량식품 연탄불에 구워먹고 그럴 수 있는 슈퍼였고, 지금은 경인놀이터라고 이름이 있는 거기서 엄청 많이 놀았죠. 결혼 전에도 거기는 놀이터였어요. 모래 놀이터였고, 그 앞에 코아루아파트 있던 자리에 운전면허 학원도 있었고, 양서중학교 자리가 평지랑 밑에 공터처럼 된 공간이 있었는데 그 부분에 서커스가 와서 구경했던 기억도 있고요.

신삼마을에 서커스가 들어온

INTERVIEW

적이 있나요?
어릴때는 들어왔던 것 같아요. 80년대 후반이니까. 그때는 서커스가 왔던 걸로 기억하고, 구경하러 가고 이랬던 기억이 있거든요.

코아루 아파트 자리가 운전면허 시험장이었다는 것도 놀랍네요!
그때는 이제 뭐하는 곳인지 정확하게는 모르니까, 노란 차들이 장난감 트랙같은 걸

장진숙 선생님께서 40년 전 거주하시던 곳 사진

도니까 자주 구경했었죠. 담장이 되게 낮았거든요. 그리고 양 옆으로 다닐 수 있는 샛길 같은게 있어서 항상 그쪽을 통해서 많이 걸어 다녔어요.

학교는 어디를 나오셨나요?
신원초등학교 10회 졸업생이구요, 신원중학교 8회졸업생

이에요. 신원초등학교도 우리 어릴때는 1, 2학년은 오전, 오후만 있었어요. 그래서 지금 호수공원 있던 자리에 수원지가 있었거든요. 그쪽이나 학교 뒷산으로 소풍을 가고 그랬던 기억도 있네요.

신삼마을 골목과 관련해서 생각나는 기억이나 경험, 사건들이 있으신가요?
어릴 때도 그런 건 있었던 것 같아요. 메이커 들어오면 망해 나가는 줄 아는 그런 이미지...그리고 비행기 소음을 5살 때부터 듣고 자라서 그런지 시끄럽다는 생각은 못하고 살았던 것 같고, 지금 우리은행이 2층으로 올라갔지만, 저희 엄마는 지금도 거기를 상업은행이라고 생각을 하세요. 한빛은행 이런걸로 바뀌는 과정들을 다 봤으니까요. 그 건물들은 저 어릴때 있던 건물 그대로고, 신현수 의원도 예전에는 건물 하나가 다 병원이었어요. 지금으로 생각하면

메디힐 병원이 되기 전에, 서안보건병원일 때 같을 정도로 되게 큰 병원 이었어요. 신현수 의원은 나름 저도 어릴 때 가서 치료를 받았던 기억이 있어요. 지금은 이제 골목에 차가 많아졌지만 그거 말고는 특별히 그렇게 위험하다는 생각은 잘 안 드는 것 같아요.

신삼마을에 가장 필요한게 무엇이라고 생각 하시나요?
저도 그쪽 전문가가 아니어서 정확한 대책을 어떻게 했으면 좋겠다 이런것까지는 솔직히 모르겠고...그냥 없는 사람들이 살기 되게 좋은 동네인 것 같아요. 서울에서 시골같은 그런 느낌을 느끼면서 살 수 있는 동네니까요.

미용실은 운영하신지는 얼마나 되셨나요?
올해로 24년째에요. 학교다닐 때부터 했거든요.

제일 기억에 남는 손님이라던가 힘들었던 손님이 계셨었나요?
소위 말하는 진상손님이 저는 별로 없었어요. 다 아시는 분들이 오시기도 하고, 그렇지 않으신 분들이 오셔도 저는

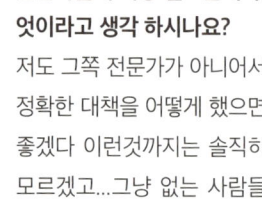

손님이 어디를 가든 돈을 내면, 그 만큼의 가치를 받고 싶어하는게 모든 손님의 심리라고 생각을 해요. 그러니까 원하는거를 내가 해줄 수 있는 한은 들어주는게 맞다고 생각을 해서, 그냥 제가 해드릴 수 있는 한은 들어 드리려고 하는 편이에요. 대신에 안되는 거는 정확하게 얘기해드리는 편이긴 해서 그런지, 제가 너무 성격이 쎄서 그런지 저한테 진상으로 오시는 분들은 없는 것 같아요.

신삼마을에서 오래 거주하고 계신데, 어떤 마음으로 살고 계신건가요?

일단 저는 맞벌이다 보니까, 제일 큰 이유는 육아를 부모님이 도와주실 수 있는 환경을 만들려면 부모님과 가까이 살아야되는것도 있고요. 어쨋든 서울 안이지만 가격이 착한 동네이니까요. 지하철을 타려면 버스르 타고 한번 나가야 되는 번거로움이 있긴 하지만, 십앞에 바로 은행도 있고..이런 농네가 많지 않죠, 병

원도 큰 병원이 바로 앞에 있고요. 살기에는 되게 좋은 동네인 것 같아요. 그래서 특별히 다른곳에 가서 살고싶다 이런 생각은 해본 적이 별로 없네요

예전 육교가 있던 시절에 기억나시는게 있나요?

제가 육교 덕분에 계단 달리기를 굉장히 잘합니다. 그때 당시에는 제가 출근을 이대쪽으로 했었기 때문에 그때 당

시에는 이대까지 한번에 가는, 정확히는 광화문까지 가는 61-1 버스가 있었습니다. 그게 이제 10분에서 15분 간격으로 오기 때문에 출근시간에 그거 한 대를 놓치면 지각이라 집에서부터 정말 미친듯이 뛰었죠. 신호에 버스가 걸려있으면 육교에서부터 날아 있어요. 계단을 3개씩 뛰어내

려가서..그때는 20대 초반이었으니까 그런 신호 타이밍에 맞춰서 뛰어갈 수 있었거든요. 육교도 나쁘지 않았었던 것 같아요, 육교에서 장사하시는 분도 있었고. 동네에 관한 이야기는 아니지만 좌석버스가 없어진게 너무 아쉽거든요. 그때 당시에, 스텝으로 일할 때 버스기사님이 제가 자고 있으면 깨워주셨어요. 제가 어디서 내리는 줄 아시니까요. 지금 횟집 앞에 할리스 커피 있던 자리가 내리는 곳이었거든요. 지금은 버스 노선이 많이 바뀌었죠.

아까 초등학교 이야기를 했었는데 장진숙님이 초등학교를 다니실 때는 마을에 사람이 많았었나요?

그랬던 것 같아요. 왜냐면 1,2학년 때는 오전, 오후반 했던 기억이 나고요. 제가 4학년 때 양원초등학교가 생겼어요. 양원초가 생기면서 당시에 강제 전학을 시켰어요. 저는 다행히 시장 안쪽에 살고 있어서 신원초를 무사히 졸업을 했지만, 그때 우리학교에서 1천명을 양원초로 보내고, 월정초에서 600명인가를 우리

INTERVIEW

학교로 보내고 그런식으로 강제 전학을 시켜서 학교가 생겼던걸로 기억해요.

자녀를 키우시는데 있어서 신삼마을은 어떤 것 같으신가요?

일단은 제가 기억하는 이 동네는 40년 가까이 살면서 큰 학생 범죄나 이런 것들도 없었고, 제가 미용실을 하면서 초등학생이었는데 중학교, 고등학교 들어서도 계속 오는 손님들도 있잖아요? 그런 아이들을 보면 확실히 이쪽 동네 애들이 되게 순수하고 착해요. 시골 같아서 약간 그런

게 있어요. 미성년자일때는 어쨌든 제어가 어느정도 필요할 때잖아요. 그런데 예를 들어 양원초 출신들을 중학교 가도 담배피는 애들이 없다 이런 소문이 돌 정도로 애들이 순수하고 그런게 있죠.

교육을 위해 마을을 떠나시는 분들도 많던데, 그런 생각을

해보신적 있으신가요?

교육은 물론 환경이 중요할 수 있어요. 그래서 저도 아들의 교육을 신경을 안 쓰는 건 아니고, 신경을 쓰는 편이긴 한데 그거는 부모가 어떻게 해주느냐에 따라서 아이가 달라지는거라는 생각이 저는 있거든요. 물론 아이가 얼만큼 따라주고 안따라줄지는 이제 아이의 몫이겠지만..그래서 동네에서 보면 수준 낮다는 우리학교에서 국제중학교 간 친구들도 있고 한걸 보면 본인이 노력을 어떻게 하느냐에 따라 다른 거라고 생각을 하고요. 저같은 경우도 저 개인적으로는 나름 교육에 신경을 쓰고 있으니까 그런 거는 본인이 할 수 있는 영역이지 않을까요?

"제 기억으로는
삼일교회가 되게 작은
소규모의 단층짜리
교회였던 걸로 기억하고,
그 앞이 저희의 놀이터였죠."

현재 삼일교회 주변 골목 전경

INTERVIEW

민이숙 _거주민 인터뷰

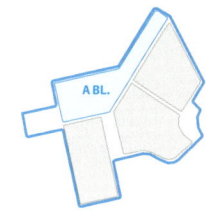

면 담 자	강혜영
면담대상	민이숙
거주이력	신월3동 17년 거주민
거주지주소	-

"명절 전에는 전 냄새가 나요"

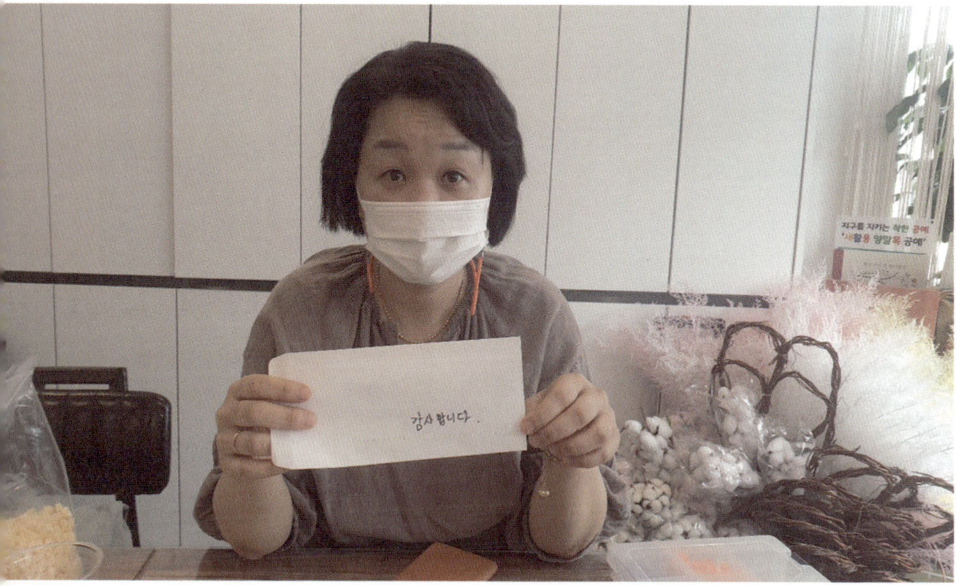

본인 소개 부탁드립니다.
네 저는 민이숙이고요, 식구가 네 식구 있어요. 그리고 시장 골목에 살고 있어요. 2004년도에 왔으니까 신월동에서 산지 한 17년 됐어요.

신월3동에서 살게 된 이유가 있으신가요?
원래는 신월2동에 살았는데 우리 시댁이 신월3동이라서 자의반, 타의반으로 왔어요.

옛날의 신삼마을과 현재의 신삼마을을 비교하면 다른점은 무엇인가요?
저희가 이사오기 전에는 서서울 복지관이 없었고요, 그래서 앞에 큰 건물이 없어서 해가 잘 들었었거든요. 그런데 복지관이 생기고 나서부터는 큰 건물이 있으니까...낮에도 전깃불을 켜야 되는 정도까지 왔고요. 그래서 요 몇년 간 불편한 점이 있었어요. 그래도 좋은점은 복지관이 생기면서 길이 나서 사람들이 많이 다녀요. 처음에는 좀 외지고, 그렇게 꼼꼼하지도 않고 그랬거든요. 옆에 건물들이 있으니까 좀 환한 점도 좋고요

신삼마을에 거주하시면서 기억에 남는 사건이나 일화같은게 있으신가요?
좋은 점은 시장이라서..명절 전에는 전 냄새가 나요. 저희가 냄새에 취할정도로요. 그런 냄새때문에 사람 사는 것 같기도 하지만 이제 주위분들이 이사를 하실때는 새벽이나 밤 늦게 해야한다고 꼭 얘기를 해줘요. 이게 상가 분들도 그렇고 차가 못 들어오는건 둘째 치고, 왔다갔다를 할 수가 없으니까요

신삼마을에 살면서 불편한 점은 어떤게 있으셨나요?
저희 이사오기전에 부동산에서 그랬거든요. 시장이 가까워서 좋은 점이 많을 거라고 했는데, 좋은점이 많긴하지만 불편한 점도 많이 있어요. 저희 이사 오기 전에는 시장에 돔이라고 그러나? 그 천장이 없었는데, 돔이 생기고 나서부터는 정화조 청소할 때마다 아저씨들이 싫어하세요, 천막 때문에 못들어온다고...그래서 저희는 정화조 청소를 할 때 시장 안쪽이라고 꼭 얘기하고 새벽에나 청소를 해야 했어요. 지금도 그러긴 하는데 천막이 없어져서 차가 다 들어오니까, 전에보다는 불편함이 덜하죠. 또 하나는 상가 분들에게는 죄송하지만, 노란선 앞으로 물건들이 너무 많이 진열되어 있어서 불편해요. 왔다 갔다 하는것도 그렇고..한 사람이 지나가면 한 사람은 못 올정도니까 그런 것도 불편한 것 같아요. 솔직히 말하려고 해도 같이사는 주민들이라 맨날 얘기할수도 없고 그런면이 있죠.

현재 신삼마을 골목에 대해서 어떻게 생각하시나요?
저희는 시장 골목이라 시장이 또 활성화가 됐으면 좋겠어요. 솔직히 9시만 되면 깜깜해요. 제가 시간을 잘못봤나 싶을 정도로요. 상가 분들도 9시 전에 문을 많이 닫으시더라고요. 그런게 좀 안타깝죠.

신삼마을 골목에 가장 필요한 것은 무엇이라고 생각하세요?
골목이 많은 마을이라, 주차가 제일 힘들어요. 집 밑에 주차장이 있는 반면에 저희집 같은 경우에는 주차장이 다들

없으니까 주차장이 많이 생겼다 하더라도 주차하는게 너무 힘들어요. 저희 집은 지금 복지관에 차를 주차하고 있어요, 당첨이 된거죠. 몇 미터 이상은 1순위라고 하긴 하는데 거의 다 1순위더라고요. 거기서도 이제 추첨을 해서 되긴 했는데 그 전까지만 해도 길거리에 많이 주차를 했어요. 집 주변에는 아예 차를 댈 곳이 없어요. 그래서 큰 도로변에 내놓으면 딱지도 많이 끊었고요. 주차장이 없는게 어쩔수 없는걸 알아도 그런게 조금 불편하죠.
다른 거는 공동으로 주민들이 생활할 수 있는 그런 곳, 여가 활동이나 동아리 활동 이런거를 할 장소가 없으니까 그런게 생겼으면 좋겠어요.

신삼마을 골목이 앞으로 어떻게 변하면 좋을 것 같으신가요?
다른 사람이 봤을 때 깨끗하다 라는 생각이 들어야죠. 깨끗해야 되고, 좁은거는 어쩔 수 없잖아요? 좁은 건 어쩔 수 없어도 깨끗하고 정리가 되는 골목이었으면 좋겠어요. 사람들이 봐도 넓지는 않아도 이 골목이 예쁘다. 깨끗하다 이런 정도만 되어도 골목 자체가 정감있는 마을이 될 것 같아요.

김재이 _거주민 인터뷰

면 담 자	김화인
면담대상	김재이
거주이력	신월3동 6년 거주민
거주지주소	-

> " 신삼마을 사람들이 제일 열심히 산다고 느꼈어요."

본인 소개 부탁드립니다.
저는 김재이라고 하고요. 현재는 고강동에 살고 있어요, 바로 옆이죠. 아들 둘하고 세 식구가 같이 살고 있습니다. 신월동에 살 때는 시장 골목에서 좌측으로 한 500미터 정도? 그 쯤 골목에 살고 있었어요. 한 6년 6개월 정도 살았고요. 신월동에 살면서 작은 애를 낳았죠.

시장 골목에서 거주하셨는데 혹시 기억나는 장소가 있으신가요?
시장 밖에 옷가게가 하나 있어서 그때 제가 첫 바지랑 옷을 사입었던 기억이 있어요. 시장 안에는 과일가게가 제일 생각나요. 과일가게 아저씨가 되게 인심이 좋으셨어요. 말을 이쁘게 하면 덤을 잘 주셨거든요. 이제 과일은 빨리 무르잖아요. 기스나거나, 상처 있는 것들을 괜찮지? 그러면서 주셨어요, 새댁이니까.

거주하셨던 기간동안 신삼마을 골목길과 관련해서 기억나는 것들이 있으신가요?
처음 가서 느낀 거는 아 비행기가 정말 크구나! 하는 거였죠. 옥상에 올라가서 빨래널고 그러다 보면 진짜 큰 여객기는 안에 있는 사람들 실루엣이 보일 정도로 크더라고요. 그리고 골목에대한 기억은 이제 애기들을 막 낳고 키우고 그러던 때니까, 아기 엄마들하고 재미있게 지냈던 거. 한참 수다 떨다가 저녁시간이 되면 언제 그랬냐는 듯이 각자 자기 집으로 다 들어가고 하면서 서로 잘 지냈던 것 같아요. 애들 키우면서 재밌게 지냈었죠.

서로 어울리면서 많은 일들이 있었겠네요.
그렇죠. 이제 저는 아들만 둘인데, 제가 인형을 좋아해서 한박스를 모아서 가지고 있었거든요. 이제 작은애를 낳으면서 더 아이를 안 낳을 거라고 생각을 하고 앞집 엄마한테 인형 한 박스를 다 줬던 기억이 나요. 거기는 딸만 둘이거든요. 인형을 주니까 그 친구가 하는 말이 제가 인형을 많이 모아서 딸을 못 낳았다고 그러더라고요. 인형을 안 모았으면 딸을 낳았을텐데 그랬던 기억이 나요.

골목에서 서로 나눔도 많이 하셨나 봐요.
그초. 그때만 해도 다 힘들 때였어요. 다들 사는게 이렇게 넉넉하지는 않아서...그래도 서로 정을 나누고 살기에는 참 좋았던 시절이었던 것 같아요. 지금보다는 훨씬 더 정을 나누고 살았어요.

신삼마을에서 있었던 경험이나 기억이 김재이님에게 어떤 의미가 있으신가요?
저한테는, 작은 아들을 거기서 낳았으니까..낳고 키웠으니까요. 어렸을 때, 갓난아기 때 부터 키웠던 거라 남다르죠. 뭐라 그래야하나, 약간 짠하기도 하고, 좋기도 하면서도, 연년생인 아이들 둘을 키우면서 힘들었던 기억이 있지만 그래도 지금 생각하면 그때가 더 좋았구나 하며 웃으면서 얘기할 수 있는 그런 느낌인 것 같아요.

그당시에 신삼마을의 분위기는 어땠었나요?
그때는 각자의 사는 방식들이 다 다르겠지만 다들 그냥 열심히 살았고, 세가 볼 때는 신월3동 사람들이 제일 열심히 산다고 느꼈어요. 제가 이제 화곡동에서도 살았었고, 신월동도 살아봤는데 신월동 사람들이 더 열심히 산다고 느꼈어요. 엄마들끼리 모여서 수다도 떨고 하긴 했지만, 다 각자 보탬이 되기 위해서 그 당시에는 인형눈 붙이는 것부터 시작해서 부업들을 되게 많이 했어요. 부업거리들이 거기는 진짜 많았어요. 사람들이 와서 부업할 거냐고 막 물어보고 다녔거든요. 그래서 우리가 모여서 부업도 했지만, 진짜 열심히 산다고 느꼈던거는 그렇게 힘듦에도 불구하고 사람들 웃음소리가 넘쳤으니까..지금 생각하니까 신월동 사람들이 참 힘들게 살기는 했지만 제일 행복하게 보였어요, 제눈에는.

현재는 다른 마을에서 살고 계시는데, 밖에서 바라보는 신삼마을의 모습은 어떤 것 같으신가요?

솔직히 얘기하자면, 아 변함이 없구나. 변함이 없어서 옛 추억을 추억하기는 좋은데 반대로 너무 빌전이 안되는구나 하는 생각이 들어요. 진짜 다른데에 비해서 너무 느려요.

가끔 제가 가다 보면은 여기는 진짜 그대로이긴 한데, 어떻게 이렇게 변하질 않을까? 그 생각을 하곤 해요.

현재 신삼마을 골목의 문제는 무엇이라고 생각하세요?

변화가 없음이 문제죠. 이거는 어떻게 보면 각자의 생각이긴 한데, 사람이 삶에 이렇게 쪼들리다 보면 넓게를 못봐요. 당장 내 앞에 있는 내 것만 보게 되잖아요. 근데 그 지역의 발전을 생각하자면 좀 더 넓게 봐야한다고 생각해요. 저는 시선이 넓게, 시야가 트여야지 내가 아닌 우리라는 그게 되야하는데, 우리보다 내가 더 크니까 발전에 대한 생각이 잘 안 나온다고 생각해요.

신삼마을 골목에 가장 필요한 것은 무엇이라고 생각하시나요?

생각이 많이 바뀌어야 한다고 생각해요. 일단은 생각이 바뀌어야 하고, 위에서 정치하는 사람들이나 누군가가 뭔가를 하려고 할 때, 서로 으 으를 해야 하는 거라고 생각을 하거든요. 그런데 제가 볼

때 안타까운 거는 그런 것이 서로 다 미흡하지 않나 생각을 해요. 제가 요즘 보면은 신삼마을이 제일 안 변하고 있어요. 화곡동도 지금 엄청 많이 변하고 있거든요. 거긴 놀이터도 없잖아요 거의..그런 것들이 제일 시급하다고 생각하는데 그건 저만의 생각은 아닐 거라는 거죠. 그런데 이런 것들이 지금 안 이루어지고 있다는 거는 서로가 다 방관을 하지 않나 이런 생각도 가끔 해요. 여기는 왜 이럴까 하는 생각도..제가 살았던 동네니까요.

신삼마을 골목이 앞으로 어떻게 되었으면 좋겠다 하는 바람이 있으신가요?
옛 추억을 생각하기에는 뭐 지금도 나쁘진 않은데, 옛 추억만 먹으면서 살 수는 없잖아요. 그리고 제가 생각할 때는 놀이터 같은 공간도 필요하고, 사람들이 여유를 가지고 잠깐잠깐, 담소를 나눌 수 있는 그런곳이 필요하다고 생각해요. 비슷한 맥락일 거에요. 공원의 벤치라던가 그런게 전혀 없어서..옆에 서서울공원이 있다고 해도 그거는 한참 가야되는 부분이고. 동네 슈퍼를 가다가라도 어디 놀이터에서 잠깐 앉아서 쉴 수 있는 공간? 저는 그런게 생겼으면 좋겠어요. 쉽지 않을 거라는 건 아는데, 그래도 노력을 하면..잘은 모르겠지만 그래도 조금의 노력이라도 하면은 발전되는 뭔가가 있어야 하는데 전혀 없으니까 좀 안타까운 면도 있어요.

> "그때는 각자의 사는 방식들이
> 다 다르겠지만
> 다들 그냥 열심히 살았고,
> 제가 볼 때는 신월3동 사람들이
> 제일 열심히 산다고 느꼈어요."

July

7月

INTERVIEW

오영석 _거주민 인터뷰

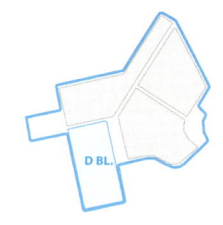

면 담 자	변혜정
면담대상	오영석
거주이력	신월3동 48년 거주민
거주지주소	남부순환로40길 75-6

" 화단 앞에서 다시 만나요."

본인 소개 부탁 드릴게요.

저는 이 동네에 73년도에, 제가 총각일 때 이사를 왔어요. 그리고 그 해 말에 결혼 해가지고 지금 48년째 살고 있습니다. 애들 둘은 출가해서 부인하고 둘이서 살고 있고요, 이발관을 하다가 지금은 관두고 놀고 있어요.

마을에 오시게 된 동기는 무엇인가요?

왕십리에서 미용 일을 친구하고 같이 하다가, 여기에 살던 고향 분이 저한테 연락을 해서 오게 됐었죠. 결혼도 해야 하고 해서 73년도 1월달에 지금 이발관 자리를 백 만원 주고 사서 왔어요.

신삼마을의 첫 인상은 어떠셨나요?

비행기 소리가 처음에는 괜찮았는데, 여기 동사무소 위에 산을 깎은 다음부터 소리가 더 크게 나더라고요. 원래 가로 공원 앞쪽이 산이었거든요. 그걸 김포공항을 확장할 때 흙을 쓴다고 깎았어요. 산이 높이가 낮아지니까 비행기가 더 낮게 날아서 소리가 더 크게 나더라고요.

신삼마을에서의 추억이나 경험, 혹은 기억나는 사건이 있으신가요?

예전에 우리은행 앞에서 소음 때문에 대모를 한번 했었어요. 우리가 공항까지 들어가려고 하니까 못 들어가게 한다고 경찰도 왔었고요. 대모하다가 다친 사람들도 있었어요. 다행히 많이 다친 건 아니어서 동네에서 일하던 사람들이 비용을 모아서 치료도 해주고 그랬어요.

앞에 화단이 예뻤는데 이웃끼리 같이 만드신 건가요?

옛날에 인천 상수도가 고강동 쪽으로 넘어갔어요. 근데 서울시에서 그 땅을 철거민 촌으로 쓰라고 준거에요. 상수도가 거기 묻혀있으니 또 철거를 해야만 했죠. 그래서 다른 곳으로 땅을 주고 여기에 주차장을 만들어야 하네 했다가, 동네 주민들이 주차보다 화단을 만드는 게 좋을 것 같다고 해서 화단이 생기게 된 거에요.

화단 근처에서 이웃끼리 모이기도 하시나요?

옛날에는 화단 앞에서 사람들이 많이 모였죠. 의자도 있었는데, 하도 거기에서 저녁 늦게까지 술들을 먹으니까 의자를 나 시켜버렸어요. 큰 나무

INTERVIEW

도 다 베어버리고 양쪽 통로만 나둬서 주민들이 앉을 자리를 없애버렸죠.

좋은 의도로 만들었는데 안타까우시겠어요.
그러게요. 나무도 정말 큰 나무였거든요. 느티나무가 너무 크니까 베어 버리고, 이제는 공원 안에 못 들어가게 하고 구경만 하게 돼서 너무 안타깝네요.

결혼은 어떻게 하시게 되셨나요?
이발소에 자주 오시던 세입자 분이 중매를 해주셨어요. 하루는 이발하러 오셔서 저한테 여기 사냐, 몇 년째 살고 있냐 이런걸 계속 물어 보시더라고요. 그때 우리 집사람이 용인에 자수인가 하러 다녔을 때였는데, 그때 만나서 결혼까지 하게 됐네요. 집사람 덕분에 큰애는 단국대학원 까지 졸업했고, 딸은 상명여대까지 졸업시키고 했어요. 우리는 그렇게 배우질 못했는데, 애들은 대학까지 다 잘 다녀줘서 고맙죠.

아이들 어렸을 때는 어디에서 같이 놀아주셨나요?
옛날에는 이 앞에 공터가 있었는데, 거기에서 자주 놀았죠. 앞에 화단이 있기 전에 공터가 생겼었죠. 그때는 놀이터도 없고 그랬으니까, 그런 공터에서 애들이랑 자주 놀아줬었죠.

이발하러 자주 오시는 분들 중에 친하게 지내시는 이웃 분들도 있으세요?
이 앞에 많죠. 석빈선씨랑, 서영신씨도 그렇고, 오래 살다 보니까 친한 분들이야 많죠. 저녁에는 다같이 술도 한 잔 하고 같이 놀기도 했죠. 축구 동호회도 있었고, 동네 사람들하고 놀러도 많이 다니고 그랬어요.

신월 3동에 과거와 현재를 비교했을 때 변한 점은 무엇인가요?
2004년쯤 동네를 재개발 해서 아파트를 지으려고 우리가 추진 위원회를 했었어요. 그런데 동네에 나이 많으신 분들이 아파트를 지으면 월세도 안 나온다고 반대를 하셔서 무산이 됐었죠. 그리고 제가 동네에서 오래 살다 보니까 동네 일도 많이 봤어요. 통장도 한 25년 정도 했고요. 그러면서 여기가 영등포구에 있다가, 강서구로 바뀌고, 양천구로 바뀌는 것도 모두 지켜봤어요.

앞으로 신삼마을에서의 나의 모습은 어떨 것 같으세요?
인생의 마지막에 돈을 가지고 가는 것도 아니니까, 남한테 아쉬운 소리하지 않고, 먹고, 쓰고 하면서 살고 싶어요.

INTERVIEW

한길자 _거주민 인터뷰

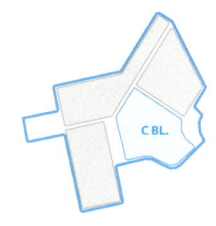

면 담 자	변혜정
면담대상	한길자
거주이력	신월3동 50년 거주민
거주지주소	남부순환로 47길

> " 백 원을 주고
>   국수를 사 먹었었죠."

본인 소개 부탁 드릴게요.
저는 이 동네에서 오래 산 한 길자입니다. 지금 174번지에서 10년째 살고 있고, 아들, 며느리에 손자 넷 까지 일곱 명이 같이 살고 있어요.

신삼마을에 사신지는 얼마나 되셨나요?
70년도에 왔으니까, 이사 온 지 50년이 됐어요. 원래는 서대문에서 살았고요.

처음 이사 오셨을 때의 신삼마을은 어떤 곳이었나요?
처음에 올 때는 완전히 진흙 바닥에 아무것도 없는 곳이었어요. 집도 거의 없었고요. 그냥 흙 바닥에 몇 평씩 살 수 있게 줄로 구분만 해놨었죠. 비행기 소음도 지금 만하지는 않았어요. 그때만 해도 비행기 타고 여행가는 사람이 많이 없었으니까요. 보릿고개에 다들 어려울 때라 비행기 소리가 한번 나면 깜짝 놀라고, 신기해서 바라보느라고 난리 들이었죠.

신삼마을 골목에서 기억나는 경험이나 추억, 사건이 있으신가요?
예전에는 상수도 물이 안 들어와서, 우물 물을 식수로 사용했어요. 좀 괜찮은 집에 우물이 있었는데 거기서 다들 떠다 마셨죠. 근데 이제 친한 사람이 아니면 좀 눈치가 보이니까 대부분 자기 우물을 집에 하나씩 만들어 놨었죠. 그리고 10원짜리 국수가 생각이 나요. 점심 때가 되면 어느 차가 와서 국수를 가지고 왔어요. 차에서 국수를 끓여서 팔았는데, 백 원어치 정도를 사면 스테인리스 밥통에 반정도 국수를 담아 줬었어요. 우리가 피난민 같이 사니까, 차로 와서 도와준 거죠.

그럼 그때는 농사를 짓거나 하셨나요?
아니요, 그때 직장을 다녔어요. 직장 다니고, 다들 자기 능력에 맞게 집을 지어서 살았어요. 제대로 된 집은 못 짓고, 옛날에 슬레이트 집을 다들 지어서 살았죠. 지금 생각해도 참 마음이 아파요.

그럼 신삼마을은 어떻게 발전하기 시작했나요?
우리 세대 사람들이 살면서 다 개선한 거죠. 가장 많이 생각나는 건 여기 개천이 있었는데, 이 개천 쪽으로 안 오려고 집을 다 비켜서 지은 거죠. 개천이 흐르니까 물 냄새에, 여름에는 오물 썩는 냄새까지 장난 아니었거든요. 깨끗한 물이 아니라 하수구 물이었어요. 그러다 나중에 복개공사를 하고 집을 지었죠. 그 집이 이 동네의 중심이 돼서 집값이 많이 올라갔죠.

그럼 가장 먼저 들어온 상가는 어떤 건가요?

가장 먼저 생긴 거는 주로 분식집이었어요. 그때는 먹을 거가 귀한 때니까요. 도넛, 찐빵 그런 장사를 한 사람들이 돈을 많이 벌었어요.

정말 힘들게 사셨네요, 혹시 또 기억나는 일들이 있으신가요?

또 생각나는 건, 여기 달빛 사랑방(신삼 리빙랩) 옆에 화단이 있잖아요. 그 화단에 엄마랑 아들이 살았어요. 꽤 살았죠, 한 10년 정도? 천막을 치고 살다가 엄마가 먼저 죽고, 2~3년 뒤에 아들도 죽어서 그 땅이 빈 거에요. 그 땅이 원래 나라 땅이어서 거기에 화단을 만든 거죠. 그런 거 말고는, 아카시아 꽃을 따라 다녔던 기억이 있어요. 여기 능골산에 아카시아 꽃을 따라 많이 다녔죠. 지금도 꽃이 많더라고요.

신삼마을에서 일어난 사건이나 사고는 없었나요?

여기가 그렇게 우범지대가 아니니까요. 정말 평범한 동네에요. 지금이야 술 먹는 사람들이 왔다 갔다 하기도 하고 하지만 그때는 조용한 동네였어요. 위험한 동네였으면 지금까지 안 살았을 거에요. 옛날에는 이웃끼리 맛있는 건 나눠 먹고, 비 오는 날에는 전도 부쳐서 나눠먹으며 기쁘게 웃으며 살았죠.

그런 추억이 선생님께 어떤 의미가 있으신가요?

이렇게 좋은 동네이니 앞으로 계속 발전할 것이다 그런 생각을 했죠. 그런데 이제 사람들 생활이 개선되니까 여행 가는 사람들도 많아지고 해서 영종도에 공항을 새로 만들었잖아요. 그리고 비행기도 점점 많아지더니 결국 비행기 소음만 늘었어요. 그때 정말 실망을 했던 것 같아요.]

현재 신삼마을 골목에 대해서는 어떻게 생각하세요?

사람들이 많아지니까 쓰레기도 많아지고, 도로 정비가 제대로 안 되는 것 같아요. 도로가 좀 더 깨끗하고, 청결했으면 좋겠어요. 욕심 같으면 도로가 넓어졌으면 좋겠지만 현재 상황에서는 그렇게 할 수가 없잖아요?

그렇다면 현재 신삼마을 골목에 가장 필요한 것은 무엇이라고 생각하세요?

아까 말했듯이 도로가 좀 넓어져야 할 것 같아요. 그래야 화재라도 나면 소방차가 들어올 수 있잖아요. 옛날에 불이 난 적이 있는데, 소방차가 못 들어가서 살레시오 앞에 호스를 꽂아서 어렵게 불을 끈 적이 있어요.

마지막으로 하고 싶은 말씀 있으신가요?

옛 추억이 아픈 기억이기는 해도, 정겨운 이야기이고, 이제는 다 추억거리가 되었어요. 그러니 동네를 빠르게 재개발 해서 더 좋은 동네가 되었으면 좋겠어요.

"그리고 10원짜리 국수가 생각이 나요.
점심 때가 되면 어느 차가 와서
국수를 가지고 왔어요.
차에서 국수를 끓여서 팔았는데,
백 원어치 정도를 사면
스테인리스 밥통에
반 정도 국수를 담아 줬었어요."

INTERVIEW

한혜련 _거주민 인터뷰

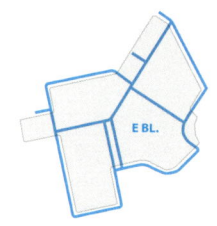

면 담 자	강혜영
면담대상	한혜련
거주이력	신월3동 12년 거주민
거주지주소	가로공원로58길 20-3

> "서로 이모고, 언니고, 동생이고
> 그러니까 포근함 같은 걸 느낄 수 있고"

본인 소개 부탁드립니다.
네 안녕하세요. 저는 이 마을에 거주하고 있는 한혜련입니다. 지금 저는 여기서 한 12년 정도 살았고요. 신월 3동 끝자락에 위치한, 한 빌라에 살고 있는 4인 가족입니다.

신삼마을에서 겪으신 사건이나 경험이 있으신가요?
음 좋았던 기억보다는 안 좋았던 기억이 몇 개 있는데요…. 저희 동네에 거주하시는 분들 중에 술을 많이 드시는 분들이 계세요. 그런 분들이 술을 드시고 밖에 나와서 험악한 분위기를 만드시고는 하는데, 그런 것 때문에 경찰에서 신고를 받고 많이 오기도 했었거든요. 그러다 보니 아이들이 혼자서 길을 다닐 때 위험하지 않을까 생각이 자주 들어요.

혹시 다른 문제도 있으신가요?
쓰레기 문제로 민원이 많이 들어오죠. 올라가다 보면 의류 수거함이 있는데, 거기에 쓰레기를 막 버리고 그래서 신고를 많이 했었어요. 그런데 그게 잘 처리도 안 되더라고요. 그리고 음식물 쓰레기 통에 일반 쓰레기 봉투를 버리시는 분들도 계세요.

그런 신삼마을 골목에 대해서 어떻게 생각하시나요?
골목이 많이 어둡고, 아이들이 밤에 다니기 위험하다? 아

무래도 저희 마을에서 가장 끝자락 이어서 어두운 것 같아요. 그리고 고강동으로 넘어가는 곳이 산자락 쪽에 있는데, 그 쪽에 술을 드시고 왔다 갔다 넘어 다니시는 분들이 많아요. 그래서 아이 키우는 입장에서는 걱정이 많이 되는 것 같아요.

신삼마을에 거주하기 전에는 어디에 살고 계셨나요?
결혼하면서 잠깐 들어왔다가, 다시 인천으로 이사를 가서 살았어요. 그리고 이제 아이를 낳으면서 다시 들어오게 됐죠. 신월3동이 개발이 된다는 이야기가 있어서 10년 전 쯤에, 여기에 집을 샀었거든요. 그래서 개발이 얼른 된다면, 더 살기 좋은 동네가 될 것 같아서 다시 신월 3동에 살기로 결정했죠.

아직은 개발이 많이 되지 않았는데, 불편한 점은 없으신가요?
처음에, 아이들이 크기 전까지는 그래도 어쩔 수 없이 산다는 생각이 컸거든요. 그런데 아이들이 좀 크고 나니까 아이들이 이 동네를 너무 좋아해요. 다들 서로서로 알고 지내는 사이니까요. 다른 곳은 옆에 누가 사는지도 잘 모르고 살잖아요. 그런데 여기는 그렇지 않아요. 나가면 서로 이모고, 언니고, 동생이고 그러니까 포근함 같은 길

INTERVIEW

낄 수 있고, 아이들도 그런 걸 좋아하고요. 정말 좋은 동네이긴 하지만 교육이나 그런 것 때문에 개발이 빨리 되었으면 좋겠다는 마음이 있는 것도 사실이에요.

지금 통장을 맡고 계시다고 들었는데요, 통장을 하시면서 느끼신 골목의 변화나 문제점 등이 있으신가요?
큰 문제점은 없는데요. 가장 고민이 되는 건 아직 마을에서 소외 된 분들이 좀 계세요. 저는 그걸 몰랐었는데, 통장을 하면서 다니다 보니까 도움이 필요한 어르신들이 많이 계시더라고요. 그런데 이제 도와드리고 싶어도 타인이 방문하는 걸 낯설어 하시고, 거부감을 가지고 계시는 분들도 계셔서 도와드리는 게 힘든 거, 그런 게 문제인 것 같아요. 좋은 점은 친근하게 인사를 받아주시는 분들도 많고, 제가 다른 분들과 비교하면 이른 나이에 통장이 됐는데 나이가 어리다고 무시하거나 그러시지 않고 협조를 해주시는 게 좋은 것 같아요.

사시는 곳 바로 앞에 주차장이 있는데 불편한 점은 없으신가요?
많죠, 우선 차들이 자주 드나들다 보니 먼지도 많이 생기고, 주차난이 심해요. 제가 알기론 주차장이 추첨이 되어야 사용할 수 있는데, 그러다 보니 추첨이 안된 분들은 그 주변에 주차를 하세요. 결국 주차장도 관리가 잘 안 되는 것 같고, 도로변에서 나가려고 하면 항상 트러블이 생기죠. 아이들도 위험한 건 말할 것도 없고요.

그럼 아이들은 골목 어디에서 주로 놀았나요?

> "신삼마을 시장이
> 다시 활성화가 되어서
> 다시 장도 보고, 맥주도 한잔 할 수 있는
> 공간이 생겼으면 좋겠습니다."

저희 집 1층이 주차장이거든요. 그런데도 밖에서 놀지 못했어요, 차가 너무 많아서. 그래서 남부 놀이터에 주로 나가서 놀았고 골목에서 노는 아이들은 거의 없었죠. 어른들도 애들보고 골목에서 놀지 말라고들 많이 하시더라고요. 차가 많이 다니니까 위험하다고들 하세요.

그렇다면 신삼마을 골목에 가장 필요한 건 무엇이라고 생각하세요?

아이들이 됐던, 어른들이 됐던, 다닐 수 있는 인도가 필요한 것 같아요. 차가 아닌 사람이 다닐 수 있는 공간이 있어야 하는데, 저희가 차를 피해 다니잖아요. 그래서 그런 공간이 생기고, 관리가 되었으면 좋겠어요. 그리고 쓰레기는 저희가 매일 민원을 넣어요. 그런데도 책임을 떠맡기에 바쁘고, 결국엔 저희가 지쳐서 민원을 안 넣으면 쓰레기는 쌓여가고…. 그게 반복이에요. 거기에 분명 관리자 번호가 쓰여 있는데 전화를 하면 없는 번호래요. 구청에서 이런 부분을 잘 관리 해줬으면 좋겠어요.

앞으로 신삼마을 골목이 어떻게 변하면 좋으시겠어요?

전에 살 때는 골목이 항상 밝았거든요. 불도 다 켜져 있고, 가게들도 활성화 되어있고, 아이들과 손잡고 나가면 먹거리도 많았어요. 아이들을 앉혀놓고 남편이랑 맥주 한잔 할 정도의 공간도 있었는데 그런 곳이 다 없어졌어요. 상권이 죽은 거죠. 장을 보러 나가려고 해도 장을 볼 곳이 없어요. 신삼마을 시장이 다시 활성화가 되어서 다시 장도 보고, 맥주도 한잔 할 수 있는 공간이 생겼으면 좋겠습니다.

INTERVIEW

정규봉 _거주민 인터뷰

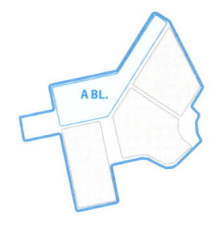

면 담 자	김억부
면담대상	정규봉
거주이력	신월3동 27년 거주
거주지주소	남부순환로42길 48

" 돌들이 참 멋있었죠."

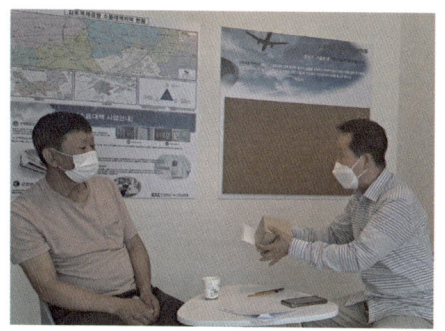

본인 소개 부탁드립니다.
정규봉입니다. 신월3동 177-15번지에 살고 있어요. 지금 저희 부부하고, 아들, 딸이랑 같이 살고 있어요. 얹혀서 사는 거죠, 자식들이. 나이가 좀 많거든요.

신삼마을 골목길에 대해 생각나시는 기억이나 경험, 사건이 있으신가요?
저희 고향은 전라도 목포입니다. 우리 큰 아들이 초등학교 6학년 때 신삼마을로 올라왔고요. 그런데 벌써 큰아들이 마흔이네요. 처음 올라와서는 시장 쪽에 신혼 집을 구해서 살았어요. 그때는 시장이 지금보다는 활성화가 많이 되어 있었죠. 인구 이동이 많아서 시장이 잘 됐어요.
그런데 지금은 장사가 거의 안 되는 것 같아요.

직장에서는 어떤 일을 하셨나요?
돌을 작업해서 판매했어요. 지금 작업한지가 한 20년 됐죠. 저기 정보통신 건물 정문에 했던 작업도 생각나고요. 네이버 건물에도 돌을 다 붙였었는데, 그 돌들이 참 멋있었죠. 거기서는 한 일년 정도 작업을 했던 것 같아요. 다른 공사 기억 나는 것들은 글쎄요. 제가 건축 일이긴 한지만 한 군데에서만 있는 게 아니어서요.

신월3동 골목에 가장 큰 문제는 무엇이라고 생각하세요?
제가 동네 처음 올 때는 차가 없어서 그렇게 고민을 안 했는데, 차를 구입하고 나서부터 주차가 제일 걱정 되더라고요. 주차하기도 힘들고, 주차 때문에 싸움도 많이 났고요.

신월 3동에 가장 필요한 것은 무엇이라고 생각하세요?
동네 주변에 지하철 역이 없어요. 여기서 까치산역 까지 버스를 타고 나가야 되죠. 교통편이 좀 더 편하게 해결 됐으면 좋겠어요. 그리고 주차장이요. 앞에서도 말했지만 주차 때문에 싸우는 걸 많이 봤어요. 그리고 솔직하게 저도 좀 더 편하게 주차를 하고 싶고요.

신월 3동이 앞으로 어떻게 바뀌면 좋을 것 같으신가요?
소음이 진짜 없어야 돼요. 만약 건축을 새로 하게 된다면, 문을 닫으면 외부 소리가 좀 덜 들리는 건축물로 지어야죠. 신삼마을은 특수지역이라 비행기 소리가 많이 나잖아요. 외부 공사로는 소음을 막는 게 힘들 것 같고, 신삼마을에 맞는 건축법이 새로 정해져서 좀 더 조용히 살 수 있는 마을이 되었으면 좋겠어요.

"저기 정보통신 건물 정문에 했던 작업도 생각나고요.
네이버 건물에도 돌을 다 붙였었는데,
그 돌들이 참 멋있었죠."

INTERVIEW

이수영 _거주민 인터뷰

면 담 자	강혜영
면담대상	이수영
거주이력	신월3동 48년 거주민
거주지주소	가로공원로 64길 23

> " 저녁에는 집 앞에 돗자리를 피고 놀았죠 "

본인 소개 부탁드립니다.
안녕하세요. 저는 신월동에서 태어나서 48년째 거주하고 있는 이수영입니다. 지금 친정 부모님도 신월 3동에 살고 계시고, 저희는 아이 아빠랑 아이 두 명이서 같이 살고 있어요.

현재 거주하시는 골목은 어디신가요?
주소로는 가로공원로 64길 23번지 쪽이고요, 동사무소 쪽으로 올라오는 길에 있어요.

48년째 신삼마을에 살고 계시다고 하셨는데 여기서 태어나신 건가요?
태어나기는 신월 1동에서 태어났어요. 신월 1동 파출소 쪽에서 태어났고, 한 다섯 살 때쯤 신월 3동으로 들어왔던 것 같아요.

5살 때부터 지금 살고 계신 집에서 사신 건가요?
원래는 저기 살레시오 회관 정문 쪽에서 살고 있었어요. 그러다 이사를 온 거에요. 신월동에서 여러 번 이사를 다녔거든요. 그쪽에서도 살아보고, SOS마을 근처에서도 살아보고, 그 다음에는 고려태권도 앞에서도 좀 살았었죠. 지금은 도로변에 있는 길 쪽으로 이사를 오게 됐어요.

이사 오셨을 때 신삼마을은 어떤 마을이었나요?
정겨웠죠, 많이. 그리고 식구 같은 느낌도 많이 들었었고요. 항상 보면 친구들하고 몰려 다녔어요. 저녁을 먹고 친구들과 모여서 다방 그라운드라는 놀이를 하면서 놀았죠.

친구들과 모이면 주로 어디서 노셨나요?
골목길 뛰어다니면서요. 30~40명씩 모여서 전봇대 하나를 두고 뛰어다녔어요. 술래가 친구들을 잡아서 전봇대에 세워놓으면 또 다른 친구가 와서 그 친구를 터치하고 도망가는 놀이. 그런 놀이를 두세시간 씩은 한 것 같아요.

신삼마을에 30명씩 뛰어 놀 수 있는 공간이 있었나요?
지금은 차량 사람들이 왔다갔다 하기도 힘들지만, 제가 어렸을 때만 해도 차가 골목길에 거의 없었고, 뛰어 놀 수 있는 공간이 많이 있었죠. 그 때는 골목 골목이 다 놀이터였으니까요.

학교를 신월 3동에서 다 다니셨나요?
초등학교는 제가 1학년 때 신월을 다녔어요. 그러다 신월 초등학교에 애들이 너무 많이 몰려 있어서, 신원을 전학을 왔어요. 80년대 초반에는 이 동네에 초등학교가 없었고, 화곡역에 있는 신월 초등학교까지 아이들이 다 걸어 갔었어요.

당시 신삼마을에 대해서 더 이야기 해주실 수 있나요?
제가 처음 살레시오 쪽으로 이사를 왔을 때부터 마을이 변하기 시작한 것 같아요. 처음 봤을 때는 다 단층 건물이었는데, 차츰 차츰 변하면서 다세대 주택도 생기고, 2층, 3층짜리 건물도 생기고 그랬어요. 저 어렸을 때는 우물도 있었는데, 그 펌프를 고친 다음에, 우물에서 물을 퍼서 사용하기도 했어요. 그리고 남부순환 도로가 비 포장이었을 때 기억이 나요. 그 도로가 비 포장 도로였고, 국민은행 뒤쪽에 개천이 있었는데 거기서 뛰어 놀던 기억도 있네요.

INTERVIEW

어렸을 때 신삼마을에서 겪은 사건이나 경험, 추억이 있으면 말씀해 주세요.

그때는 통금시간이 있어가지고, 저녁 9시쯤이 되면 사이렌이 울리고, 불이 다 꺼지고 그랬어요. 그러고 나면 저녁에 집 앞에 나가서 돗자리를 피고 누워서 잤던 기억들도 있고요.

골목에서 그렇게 자도 문제가 없었나요?

그게 그렇게 이상하게 느껴지지 않았어요. 그때는 어르신들도 많이 나와 계셨고, 아이들도 많이 나와 있었고, 그리고 일단 시원했으니까요. 또, 그때는 에어컨이 있는 것도 아니고, 하물며 선풍기도 잘 없던 때였어요. 그래서 저녁에는 집 앞에 돗자리 펴놓고 많이들 누워서 쉬곤 했죠.

또 생각나는 추억이 있으신가요?

재미있었던 일들은 아이들이네 집, 우리 집 할 거 없이 새벽에도 불러서 골목 앞에서 고무줄을 했던 기억도 있고요. 놀고 나서는 저녁에 아무 집이나 같이 가서 TV를 봤던 기억도 있어요. 그때는 TV가 흔하지 않던 시절이라... 그런 가족 같은 기억은 좀 많이 있죠.

그런 가족 같은 분위기가, 신삼마을에 오래 사시게 된 계기가 되었나요?

글쎄요. 저도 결혼해서 나가서 살다가, 친정 집이 여기다 보니까 다시 들어왔어요. 신삼마을이 편하니까 다시 들어와서 생활을 하고 있는 것 같아요. 알고 지내는 분들도 많고, 오고 가며 인사를 나누면 편하니까 살기는 편한 것 같아요.

현재 살고 계신 골목의 불편한 점은 무엇인가요?

차량 주차 때문에 불편한 게 있어요. 여기 사시는 분들이 공용 주차장이 있는데도 차를 골목에 주차하셔서 시끄러울 때가 좀 많아요. 차 빼달라, 안 빼준다 이렇게 싸움이 너무 많은 것 같아요. 아이들이 듣기에 안 좋은 말들도 많이 오고 가고요. 저희 때는 그런 게 다 정겨운 소음 이었는데 요즘 아이들에게는 다 폭력이기 때문에 속상해요.

신삼마을 골목에 가장 필요한 것은 무엇이라고 생각하세요?

저희 골목에서 필요한 거요? 쉼터 같은 게 아닐까요? 제가 알기로는 신월동에 놀이터가 주위에 두 군데가 있는데 둘 다 아이들의 쉼터 같은 느낌이 크게 안 들거든요. 아이들이 안전하게 놀 수 있는 쉼터가 필요한 것 같아요. 그리고 차들이 속도 조절을 잘 안 하고 다니는데, 아이들도 그렇고 어르신들이 소리가 잘 안 들리시니까 많이 위험한 것 같더라고요. 가능하다면 안전바 같은걸 설치해서 사람이 따로 다닐 수 있는 공간을 만들어 주면 좋을 것 같아요.

앞으로 신삼마을 골목이 어떻게 바뀌면 좋을 것 같으세요?

쾌적한 환경이 되었으면 좋겠어요. 저희 골목도 쓰레기 문제가 많거든요. 물론 다른 골목에 비해선 분리수거 같은 게 잘 지켜지는 편이긴 하지만요. 약국 쪽으로 나가는 길은 괜찮은데 그 사이사이 골목에서 쓰레기를 종량제 봉투에 안 넣고 음식물 쓰레기 봉투에 넣어서 버리시는 분들이 많더라고요. 쓰레기를 아무렇게나 버리지 말고 잘 관리 했으면 좋겠어요.

이번에 통장이 되셨는데, 하게 된 계기가 있으신가요?
좀 더 동네를 알고 싶고, 여러 주민 분들을 만나면서 인사도 하고 싶었어요. 그리고 뭐가 필요한지, 뭐가 고쳐져야 하는지를 알아야 더 나은 동네를 만들 수 있을 테니까요. 도시재생사업을 하는 동안 시간을 투자해서 동네가 더 좋아질 수 있는 방법을 함께 알아가 보고 싶어요.

"저녁 9시쯤이 되면 사이렌이 울리고, 불이 다 꺼지고 그랬어요.
그리고 나면 저녁에 집 앞에 나가서 돗자리를 피고 누워서 잤던 기억들도 있고요."

August
8月

INTERVIEW

신복동 _효창철물인테리어 주인 인터뷰

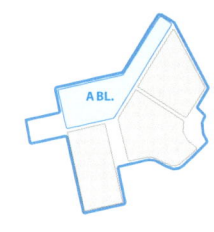

면 담 자	변혜정
면담대상	신복동
거주이력	신월3동 35년 거주민
거주지주소	남부순환로38길 23

> "목욕탕 앞으로 미꾸라지가
> 고물고물 기어 다녔어요"

본인 소개 부탁 드립니다.
저는 양천구 신월3동에 살면서 철물 인테리어를 하는 신복동이라고 합니다. 딸은 결혼해서 따로 살고 아들도 혼자 살고 있어서 아내랑 저랑 둘이서 살고 있습니다.

신월3동에는 언제 오셨나요?
우리 딸이 7살 때 왔으니까 거의 35년 됐네요. 직장 때문에 이사를 왔어요. 처음에는 청수목욕탕에서 기계실에서 설비를 봤었죠. 그러다가 한 10년 전쯤에 인테리어 가게를 차리게 됐어요.

목욕탕 일을 그만두고 인테리어를 시작하신 이유가 있으신가요?
일을 계속하다 보니까 월급에 대한 문제도 있었고 이제 내 사업을 해보자 싶어서 직업을 바꾸게 됐어요.

처음 이사 오셨을 때 신월3동의 느낌은 어땠었나요?
신월3동은 그 당시에 사람들이 살만한 동네였어요. 유동인구도 많았고 목욕탕에도 손님이 엄청 많았고요. 그래서 그 당시하고 지금을 비교해보면 인구도 많이 줄었고 살기에 더 좋아진 건 없는 것 같아요…. 지하 같은 데는 방도 많이 비어있더라고요.

청수탕에서 일하셨을 때 기억나는 추억이나 사건이 있으신가요?
청수탕에 있었을 때만 해도 사람들도 많이 다니고 화기애애한 마을이었어요…. 그런데 요즘은 유동인구가 줄고 이 동네에 살던 분들만 계속 사시고 그분들도 나이를 많이 드셨고요. 저도 그냥 사니까 사는 거죠.

인테리어를 하시면서 기억에 남는 집이 있으신가요?
여기가 나이가 좀 있으신 분들이 많다 보니까 공사를 해도 그렇게 큰 이익이 남지 않아요. 일당 정도 남으면 잘 남은 거에요. 그래도 계속 하게 되는 이유는 좋은 분들이 많아서인 것 같아요. 예를 들어 저 위에 강원도 이모님네 집에 일을 하러 가면 작은 공사를 하러 가도 밥을 직접 해주세요. 식당 밥으로 되냐고 하시면서 본인께서 손수 장을 보셔서 밥을 해주시죠. 이땐 분은 공사하고 왜 돈을 안 가져가냐고 전화하셔서 팁으로 20만원씩 주시는 분도 계시죠. 반대인 경우도 있어요. 어떤 분은 공사를 다 했는데 비싸다고 돈을 제대로 안 주시는 분들도 있고…. 그러다 보니 신월3동에 살면서 뼈를 묻어야겠다 이런 생각이 없어지는 것 같아요. 언젠간 이사를 가야 하는 생각만 있고. 집사람도 여기서 한 30년동안 직장생활을 했고 딸이 어렸을 때부터 살던 곳이니 미운정 고운정이 들어서 지금까지 사는 것 같아요.

그렇다면 기억에 남는 소중한 이웃은 어떤 분들이 계신가요?
소중한 이웃은 이제 제 주위에 있는 사람들이 소중한 사람들이죠. 현대목욕탕 사장님도 참 좋으신 분들이고 여기 밑에 도배하시는 분도 좋은 사람이고요. 인테리어를 하다 보니까 각 분야별로 맡은 사람들을 많이 만나는데요. 도배나 싱크대를 공사하시는 분들은 서로서로가 비슷한 일을 하다 보니까 서로 처지를 이해해주니까 참 좋은 것 같아요. 그런 분들이랑 아침에 커

INTERVIEW

피 한잔 마시면서 인사하고 오늘은 좋은 일이 있었나, 나쁜 일이 있었나 사는 이야기를 하면서 스트레스를 푸는 것 같아요.

과거의 신삼마을과 현재의 신삼마을을 비교하면 어떤 변화가 생겼을까요?

골목은 큰 변화가 없는 것 같아요. 요 근래에 복지관이 생겼고 도시재생 사업 때문에 최근에 공사하는데도 많이 늘었죠. 그리고 이 동네에 처음 왔을 때는 국민은행 사거리에 삼온탕 이라는 목욕탕이 있었어요. 비가 오면 그 목욕탕 앞으로 미꾸라지가 고물고물 기어 다녔어요. 실개천이 있었거든요. 지금은 흙으로 묻어가지고 도로가 됐지만 여기도 처음에는 비가오면 난리였어요.

다른 변화도 있을까요?

그 당시에 왔을 때는 대부분 다가구 주택이었어요. 그런데 계약이 정말 빨리 진행돼서 지하방도 나오면 바로 계약이 됐어요. 그 당시에 신월3동이 인구가 엄청 많아서 방이 없어서 난리였죠. 집을 짓는다고 땅만 파도 계약이 됐었는데 지금은 빈 집이 너무 많아요.

현재 신삼마을 골목에 가장 필요한 것은 무엇이라고 생각하세요?

아무래도 제일 필요한 거는 주차장이죠. 구급차가 와도 저 안까지 못 들어가서 들것으로 들고 나오잖아요. 그리고 주차문제만 해결돼도 젊은 사람들이 들어오지 않을까 싶어요. 요즘은 다들 차를 가지고 있으니까요.

> "비가 오면 그 목욕탕 앞으로 미꾸라지가 고물고물 기어 다녔어요. 실개천이 있었거든요."

마지막으로 하고 싶은 말씀 있으신가요?

지금 보면 워낙 할머니 할아버지들이 많이 사시잖아요. 복지관이 생긴 뒤로 이분들이 식사도 하러 오시고 도시락도 받으러 오시는데 차가 많이 다녀서 너무 위험한 것 같아요. 요즘 전기차는 소리도 안 나잖아요…. 일방통행으로 바꾸던지 해서 좀 안전하게 사람들이 다닐 수 있었으면 좋겠어요.

INTERVIEW

정원모
_형제알뜰매장 주인 인터뷰

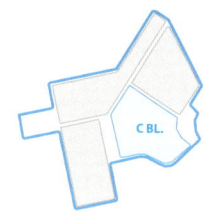

면 담 자	변혜정
면담대상	정원모
거주이력	신월3동 21년 거주민
거주지주소	남부순환로40길 59

" 초등학교 입학선물로
　　노트를 사다 주는 분들도 계셨어요 "

본인 소개 부탁드립니다.

신월3동에서 알뜰매장 생활용품점을 운영하고 있는 정원모라고 합니다. 아들 둘하고 집사람하고 넷이서 살고 있어요. 가게는 2000년 2월쯤에 열었던 것 같아요.

신삼마을에 오게 된 동기가 있으신가요?

여기가 예전부터 알던 동네이기도 했고요, 서민적이고 시골같이 정다운 분위기의 동네이기 때문에 제가 참 좋아하는 동네였거든요. 그래서 오게 됐어요.

기억에 남는 손님이나 골목에서 일어난 사건 같은 게 있으신가요?

예전에는 어느 집 아이가 초등학교에 들어간다고 하면 그 주위에 있는 분들이 오셔서 노트도 사다 주고 생일이면 장난감도 사다 주고 하는 정 많은 동네였어요. 또 음식을 하게 되면 서로 나눠먹기도 하고 그랬는데 지금은 세월이 흘러서 그런지는 모르겠지만 그런 정들이 좀 많이 메마른 것 같아요….

주로 가게에 오는 손님은 어떤 분들이신가요?

예전에는 젊은 분들이 많이 오셨는데 지금은 다 50대 후반에서 6~70대 분들이 많이 오시는 것 같아요. 옛날에는 노트 같은 문구가 절반은 넘게 나갔는데 지금은 학생들도 거의 없다 보니 완구나 문구는 거의 폐업 수준이에요.

손님들을 놓치지 않고 계속 필요한 걸 기록하시는 것 같은데 원래부터 그렇게 하셨었나요?

네. 제가 장사를 시작하면서 목표를 세운 게 있거든요. 옛날에는 물건을 여러 개를 사려면 가게를 여러 군데 다녀야 했어요. 그때마다 '아 내가 장사를 하게 되면 오시는 손

INTERVIEW

님들이 우리 가게에서 한 번에 물건을 사가실 수 있게 해드리면 좋겠다.' 라고 생각했었어요. 이제는 장사를 하고 있으니까 손님들께 사고 싶은데 없는 물건은 없는지 이런 걸 여쭤보고 기록을 하고 있어요. 이런 기록이 쌓이다 보니 여름에는 어떤 물건이 많이 나가는지, 겨울에는 어떤 종류가 많이 나가는지 파악을 하다 보니 오시는 손님들 중 7~80% 정도는 원하시는 물건을 다 구매하고 가시는 것 같아요. 없는 물건은 제가 주문을 해서 손님들이 원하시는 날짜와 시간에 맞춰 구입도 해드리니 저를 믿고 와주시는 것도 있을 거에요.

응대하실 때 제일 힘들었던 손님은 어떤 분이셨나요?

제일 힘든 분들은 술을 드시고 오셔서 말도 안 되는 물건을 찾으시고 그 물건이 없다고 화를 내시는 분들인 것 같아요. 그리고 물건을 사신다음 한 달 정도 있다가 마음에 안 드신다고 현금으로 환불해 달라는 분들도 있고요. 상식에 어긋난 사람들이 간혹 있는데, 그런 분들이 좀 힘들죠.

그런 분들이 계시면 많이 힘드시겠네요…. 그렇다면 반대로 이런 분들 덕에 힘이 난다 하시는 분들이 계실까요?

그런 분들도 계세요. 타 지방으로 이사를 갔다가 한 7년 후 다시 이곳으로 오신 분이었어요. 가게 밖에서 제가 있는지 없는지 보시다가 제가 안에 있으니까 들어오셔서 반갑게 인사를 하시더라고요. 지금도 가게에 자주 찾아와주세요. 그리고 초등학교 때 준비물 사러 왔던 학생들이 결혼해서 아이들을 데리고 와서 장난감도 사주고 엄마 아빠가 어렸을 때 학용품도 사고 장난감도 샀던 곳이야 하면서 오는 손님들도 있거든요.

주위에 이웃 분들은 많이 알고 지내시나요?

요즘은 서로 인사를 나누는 정도 인 것 같아요. 예전에는 같이 술도 마시고 그랬었거든요. 점심 먹으면서 반주도 하고 그랬는데 제가 이제 교회를 다니면서 술을 끊었거든요. 그러다 보니 잠깐 잠깐 인사하고 얘기 정도만 하는 것 같아요.

주기적으로 갖는 모임 같은 건 없으세요?

예전에는 비슷한 모임이 있었는데 친하게 지내시던 분들은 다 다른 곳으로 떠나 가시고 새로운 분들이 많이 들어오시다 보니 요즘은 그런 모임을 안 가지고 있어요.

처음 이사 오셨을 때 신삼마을은 어떤 곳이었나요?

그때는 되게 활성화가 되어 있었어요. 여기서 제일 잘되는 집은 떡집하고 간판가게 다 라고 할 정도로 유동인구가 많았죠. 특히 술집들이 많고 그래서 사람들이 많이 왔다 갔다 했어요. 우스갯소리로 돌만 가져다 놔도 잘 된다 라고 할 정도였으니까요. 그런데 뉴타운 개발을 한다고 해서 여기 사시던 분들이 다 이사를 가시고 외지에서 오신 분들이 세를 너무 많이 올리다 보니까 동네에 나이 드신 분들만 남게 된 거에요. 그러다 보니 경기가 위축되고 장사도 안되다 보니 가게들도 많이 내놨어요. 코로나 때문이라고들 하지만 그 전에도 계속 그래왔다고 생각해요.

마을이 다시 활성화가 되기 위해서는 무엇이 필요하다고 생각하세요?

젊은 사람들이 신월3동에 오는 이유는 저렴하기 때문이라고 생각해요. 예전에는 화곡동 같은 데는 비싸니까 젊은 사람들이 여기서 많이 살다가 이사를 가고 그랬는데 요즘은 그런 분들도 없는 거죠. 게다가 복지센터나 이런 시설들이 모두 나이가 많으신 분들을 위한 것들 시설 위주로 세워지다 보니 기존에 있던 사람들도 빠지는 것 같아요. 정말 이 마을이 발전하려면 주차 공간도 마련해 주고, 오래된 주택을 깨끗하게 다시 만들어야 동네가 발전하지 않을까 생각합니다.

도시재생 사업을 통해 신삼마을이 어떻게 바뀌면 좋을 것 같으신가요?

젊은 사람들이 들어올 수 있는 그런 환경을 조성해야죠. 특히 신월3동이 비행기 소리 때문에 처음 오신 분들은 놀라시는 분들이 많아요. 하지만 살다 보면 좋은 점들도 많은 동네거든요. 동네에 사시는 분들 뿐만 아니라 새로 오시는 분들도 함께 신삼마을을 누렸으면 좋겠어요.

백승길

_행복마트 주인 인터뷰

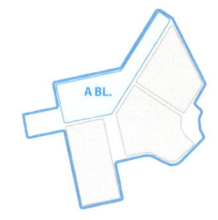

면 담 자	변혜정
면담대상	백승길
거주이력	신월3동 21년 거주민
거주지주소	남부순환로40길 59

> "연쇄 부도가 나서 어쩔 수 없이
> 신월동에 왔어요."

본인 소개 부탁드립니다.
저는 60세고요. 이름은 백승길입니다. 신월3동 남부순환로 40길에 살고 행복마트라는 슈퍼마켓을 운영하고 있어요. 자녀 하나는 호주 가있고 하나는 결혼해서 화곡동에 살아 와이프와 둘이서 살고있습니다.

신삼마을에 오게 된 동기가 있으신가요?
2000년 초 IMF에 양국납품을 했는데 기아나 한라그룹이 망하면서 저도 연쇄 부도가 나서 어쩔 수 없이 신월동에 왔어요.

처음 인상은 어떠셨어요?
그때만 해도 비행기소리는 많이 났지만 골목이 사람도 많고 여기 이 정도면 괜찮다 싶어서 여기에 정착하게 됐어요.

혹시 슈퍼하시면서 특별한 점이 있으신가요?
처음에 왔을 때 원룸화곡동이나 이런데 생기기 전이라 유흥업소에 종사하는 아가씨들이 많아서 오후 1시나 2시쯤 되면 목욕탕에들 가는데 그런 아가씨들 구경하는 재미도

솔솔 있었어요.
그때만 해도 조그맣게 시작했던 길이라 시장길에 물건을 내 놓고 장사를 하다 보니 지나다니면서 손님들하고 다툼도 많이 있었고 힘들었었죠.

이웃간이라든지 특별한 손님이 있으신가요?
주변에 같이 장사하는 친구들이 연령이 비슷비슷해서 서로 재미있게 잘지냈죠. 앞에는 닭집 옆에는 두부집 또 옆에는 고깃집. 옆에는 옷가게 여러 가게들과 시장이 활성화가 많이 되어 있어서 장사해 먹기도 편하고 또 저녁에 일 끝나면서 각자 자기네 집에거 갔다가 모여서 같이 먹기도

INTERVIEW

저기(앞전 슈퍼 하던곳)서 한 5년 정도 하다가 오셨잖아요? 이쪽으로 오신 동기와 운영은 어떠신가요?

그 자리에서는 5년 했죠..주안이 직접 운영을 한다고 가게을 비워달라고 그래서 어쩔수 없이 지금 현재 가게로 오게 된 거죠.
우선 가게가 3배정도 크니까 매출에 차이가 있을거고요 처음에 없이 시작하다가 보니까 조그만 가게에 맞춰서 영업을 하고 있었는데 갑자기 3배를 늘리다 보니까 아무래도 부채 관계가 있어서 초반 몇 년은 고생 많이 했어요.

끝나고 나서 어울리던 제일 기억에 남는 소중한 이웃이 누구신가요?

음~~저녁에 끝나고 보통 밤 11시 12시쯤 정육점에서 고기 갔다가 김치집에서 두부김치 만들어서 슈퍼에서 소주 갔다가 정육점가게 안에서 앉아서 먹구 그러다가 뭐 2차로 노래방도 가고 뭐 사거리쪽에 나가서 같이 어울려서 술도 먹고 그런 기억이이죠..지금도 그때 같이 어울렸던 친구들 닭집 사장이나 정육점사장 지

하고 재미있었어요.

특별하게 아 나는 이거는 얘기해주고 싶다 이런거 혹시 있으세요?

배달손님도 많았고 우리동네가 조금 저소득층 동네다 보니까 뭐 다음에 준다고 외상 가져가면 떼먹고 갔다가 몇 년 후에 또 다시 우리 동네로 들어와서 갚는 사람도 있고 또 그런 추억도 많이 있어요.

외상값을 안갚고 가는 손님이 많나요?

그럼요. 많이 있었죠. 뭐 주는 순간 마음을 비우고 장사를 해야지 그래서 많이는 안주고 마음속으로 이 정도는 뭐 떼먹어도 되겠다라는 마음을 갖고 처음부터 그렇게 줘요.
재미있었던건 배달을 시켜놓고 배달을 갔는데 문 앞에 놓고 오라로해서 놓고 오면 그 다음에 외상값 안 갚아서 찾아가 보면 다른데로 이사 가고 그런경우도 있었죠.. 그래서 힘들었던 기억밖엔 없는 것 같아요..

금 두부집사장님 이런 사람들은 장사를 안하지 아직 여기 사니 지금도 길에서 만나면 반잡고 그립고 그럽죠..

그때 들어오셨을 때 골목과 지금 현재골목의 차이가 있으실까요?

많지요..그때는 지금 가게에서 예전 가게가 한 30M 정도 떨어졌는데요. 사람이 틈만 있으면 다 가게가 있었으니까 심지어는 뭐 반지하 쪽에도 공간이 있으면 점포가 열었을 정도로 점포가 다양하고 활성화가 많이 됐었어요..이 거리에 내가 가만히 서 있으면 사람 자신이 서로 밀고 저절로 떠밀려 나갈 정도로 사람이 많았는데 지금은 없고 장사가 없어지니 오히려 시장을 구청에서 소방도로로 만든 것이 한편으로는 안타까워요. 그러다 보니까 지금은 장사하기도 조금 힘들어요..내 주변에 지금 지금 현재 남아있는 건 오래된약국만 남아있고 화장품가게 분식점은 없어졌어요. 야채 과일가게 및은편에는 정육점 이렇게 다양하게 활성회가 돼 있어서 굳이 저 아래 시장까지도 안 가도 여기서도

다 이루어질 수 있어서 좋았는데 지금 완전히 다 없어졌죠.

그러면 시장의 골목에 가장 필요한 것은 뭐라고 생각하세요?

지금 긴 점포가 없이 다 들어와서 운영이 됐으면 서로 좋을 것 같은데 점포가 다 없어져서 운영하기가 나 자신도 힘들고 그렇습니다.

그러면 마지막으로 꼭 이거는 해 주고 싶다는 말씀 혹시 있으실까요?

누구든지 창업을 너무 쉽게 생각하시는 것 같은데 창업이라는 것은 내가 최소한 1년 동안을 버틸 수 있는 자본을 가지고 창업을 하지 않으면 실패할 확률이 많습니다. 저는 어떤 창업을 하시는 분들한테도 꼭 그건 말씀을 해주고 싶네요.

INTERVIEW

양달순 _거주민 인터뷰

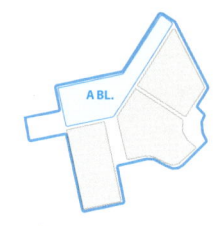

면 담 자	변혜정
면담대상	양달순
거주이력	신월3동 21년 거주민
거주지주소	남부순환로40길 59

> "이들 학교 가려면 물이 안 빠져서
> 장화 신고 당겨서 걸어가고 그랬어요"

그럼 본인 소개 좀 부탁드릴게요.
77년도 5월 달에 진해에서 집을 바로 사갖고 온 것으로 기억해요. 우리 해병대 가족인데 전속을 모르고 일로 왔어요. 통합병원에 근무하다 보니까 이 동네에서 아이들 키우다가 어디로 갈 수가 없더라구요. 그래서 이 동네에서 한 40년 살았어요 40년 살고 현재는 이 동네 주위가 그렇게 딴 지역보다 좋다고는 생각 안 하고 살아요.지금

지금 누구랑 사시나요?
저 혼자 살아요. 애들은 다 외국에 나갔고 아들 하나는 저 마곡동 엠버리에 살고. 저는 이 동네에서 농사 지으면서 그냥 즐거움에 살고 있어요

주거지가 맨 처음 어디에서 오셨어요??
신월3동에서 동향주택으로 왔어요. 거기서 지금 계속 쭉 살고 있고 한 번도 이사 간 적이 없어요.

여기 들어오게 된 동기는 무엇입니까?
등촌동 통합병원에 근무 발령이 났어요. 진해에서 진해에서 통합병원 발령 났는데 진해에서만 살다 보니까 서울의 지리를 몰랐어요. 이 동네 같이 근무하는 분이 이 신월동 집값이 싸다고 그래서 일로 오게 된 원인이에요..그러다 보니까 아이들이 중고등학교 가고 대학교 가고 그냥 이곳에 살고 있어요.

지금 여기 농사 지은 거를 파시는데 이거 한 언제부터 파신 거예요.
그거. 판 지는 우리 아저씨 돌아가시고 나서 15년 됐어요. 우리가 군인 연금을 타고 있어요.현재 한 160만 원돈 타고 내가 부업으로 이거 왔다 갔다 하면서 하고 있어요. 고강동에서 직접 농사를 짓고 있어요. 새벽에 와서 농사 짓고 거름 뿌리고 씨앗 뿌리고 또 크면은 그거 뽑아서 도로 옆에 8m에서 장사하며 팔고 또 짓고 그랬어요

여기 처음 오셨을 때 77년도 인상은 어떠셨어요?
여기서 빨리 살고 나가야지 이 생각은 했어요
동네가 여러 가지로 그렇게 좋은 동네는 아니에요. 도로변에는 여기 도로가 포장이 안 돼 있어 갖고 저 분비물들이 길거리에 돌아당기고. 장화 신고 돌아당겼어요. 그런데 어느 날 이 도로를 우리들이 집집마다 돈 오만 오천 원씩 걷었어요. 이 도로가 더럽고 지저분하니까 너무너무 살기가 힘들어 동해 신월3동 동장. 공봉구 동장님하고 의논해 갖고 집집이 5만 원씩 걷어 포장공사를 하게 됐어요. 오래됐어요. 시에서 해준 건 없어요.
도로가 아예 없었고 여기는 그냥 도로로 흘러내리고 하수도 물 흘러내리고 아이들 학교 가려면 8M 도로에서 남부 순환도로까지 물이 안 빠져서 장화 신고 당겨서 거기서 걸어가고 그랬어요.

여기 장사하시면서 뭐 기억나는 거라든지 경험이라든지 사건 같은 거있으세요?
여러 사람이 달동네 같이 사니까 좋은 거죠. 이 사람 저 사람 보고 사는 거예요.이 동네는 아파트가 아니기 때문에 동네 주민들도 사람들이 인심도 좋고.

INTERVIEW

가장 인상에 남는 그 손님은 있으셨나요?
없어요. 아는 사람이야. 많죠 단골들도 많아요 먹어본 사람은 다 오니깐요.파는 거는 구애 안 받아요.

그럼 길거리에서 파시면서 여름에 날 엄청 뜨겁고 이러잖아요.
여름을 피해 가고 음달로 가서 팔아야죠. 비행기 당기는 거. 그거 외에는 스트레스 받는 거 없어요.

앞전에 장사하실 때하고 지금 장사하실 때와의 차이점이 무엇인가요?
좀 살기가 어렵죠. 맨 처음보단 살기가 어렵죠. 먼저 생활하는 거야 직결된 생활하고 지금하고 다르죠.

혹시 장사하시면서 사귀게 되신 이웃분들 계세요?
많죠 이 동네. 여기는 달동네예요. 장사하러 나오니까 이 사람 저 사람 다 알아요. 이 동네는 얘기 나누고. 서로 웃으면서 장난도 치고 그러는 거죠. 밥도 노나 먹고 주고 가고 받고 그러지. 과일도 사다 주고 빵도 사다 주고 계란도 삶아다 주고. 독불장군 없어요. 오늘도 국수에 뒷집에서 얻어 먹었어요. 친해서 이 동네 살기는 좋아요.

제일 소중하다고 생각하시는 이웃분 말씀하실분 있으세요
다 친해요. 여기 유기숙이도 그렇고 삼성당도 그렇고 족발집도 친하고 옷집도 친하고 다 친해요.

과거에 하수구 흐르는 비포장 도로였잖아요.. 지금 현재의 모습은 어떻게 생각하세요?
지금은 살기 좋죠. 비행기 지나가는 거 외에는 살기 좋은 동네가 신월3동이에요. 비행기는 옛날에는 3분에 한 번 1번에 한 번이었어요. 지금도 마찬가지예요.

이 골목에 꼭 필요한 건 뭐라고 생각하세요?
비행기에 없으면 좋겠지요. 그리고 골목사람들은 다 좋아요. 장사가 안 돼서 그렇죠. 장사 안돼요 요새.. 상권이 무너져 버렸어요. 그래도 인심 좋죠.이동네는 그래서 달동네라고 그랬잖아요~~아파트 같은 데는 좀 어렵잖아. 우리 같은 사람 나이 먹은 사람이 살기 어려워와요.. 그래서 이사 못 가고 사는 거예요.

그러면 여기서 이사 가실 생각은 없으세요?
없어요. 국군무지 갈 사람인데 나 그런 거 불편 안 해요.

공목기록기와 함께하는 마을, 추억 그리고.

INTERVIEW

김길주 _거주민 인터뷰

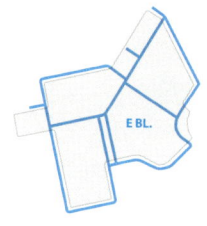

면 담 자	변혜정
면담대상	김길주
거주이력	신월3동 15년 거주민
거주지주소	남부순환로40길 24

" 가게에는 다양한 손님들이 오세요 "

본인 소개 부탁드립니다.
저는 64세 김길주라고 합니다. 가로공원로 위쪽에 있는 빌라에서 살고 있어요. 아내하고 아들하고 셋이 살고 있어요.

지금 운영하시는 가게 이름이 무엇인가요?
에브리천 마트에요. 생활용품을 위주로 팔아요.

신삼마을에 이사오신지는 얼마나 되셨나요?
이쪽으로 이사 온지는 한 15년 정도 된 것 같아요. 들어와서부터 장사를 시작했고요.

장사를 하시면서 기억나는 경험이나 사건 등 생각나는 이야기가 있으신가요?
그 당시에는 뭐라고 할까, 사람들이 동네 밖으로 나가는 추세였어요. 그래서 가격이 있는 물건보다는 천원, 2천원 짜리 작은 금액의 생활용품을 위주로 팔면 잘 팔리겠다고 생각했죠. 그래서 가게 이름도 에브리천 이라고 지었고요. 기억이 나는 손님은 기분이 좋다고 물건보다 돈을 더 주고 가시는 손님들도 계셨고, 반대로 500원 깎아달라고 화를 내시는 분들도 계시고 다양한 손님들이 기억이 나네요.

주변 상가 분들의 분위기는 어떠신가요?
처음에 가게를 열면 먼저 생활용품이 필요하니까 물건들 사러 오시면서 인사하러 오시거든요. 오시는 분들을 보면 처음에는 기운도 넘치시고 그런데, 보통 1년정도 지나면 다들 힘들어 하시죠. 그러다 결국 장사를 접으시는 분들도 정말 많이 봤죠.

골목에서 기억나시는 재미있는 이야기가 있으신가요?
재미있는 이야기보다는 진상을 피우시는 손님들이 워낙 많이 오시니까 스스로 도가 닦아졌죠. 산에 갈 필요가 없어요. 같이 장사하시는 분들은 서로를 이해하니까 함께 도와주고 해서 좋은데 술 먹고 욕을 하시거나, 반말을 하시거나 하시는 분들 때문에 힘이 들죠. 어린 아이들도 가게에 오는데 그런 모습을 보게 되니까 그게 좀 미안한 것 같아요.

요즘 가게운영은 어떠신가요?
코로나가 터지고 나서부터 가

게를 운영하는 게 힘들었어요. 다른 곳들도 마찬가지였겠지만 이 동네는 좀 더 힘들었던 것 같아요. 5년전에 동네에 대형 마트가 생기면서 골목 상권이 많이 죽었거든요. 거의 3분의 1정도의 가게가 문을 닫았던 것 같아요. 거기에 코로나까지 겹쳐서 더 힘들었죠. 이제 마트가 사라지고 코로나도 점점 괜찮아져서 골목이 다시 살아나는 것 같아요.

코로나19 상황 전후로 매상에 큰 차이가 있으신가요?
그럼요. 배 이상으로 차이가 나는 것 같아요. 코로나 때문에 사람들도 잘 안 다니고, 영업시간도 점점 줄어드니 장사하기 정말 힘들었거든요.

손님들의 변화도 있을까요?
이전보다 먼 곳에서도 손님들이 찾아오세요. 물건을 사려면 화곡동이나 다른 먼 곳까지 가야 하니까 그래도 가까운 저희 가게로 오시는 것 같아요. 손님들께서 말씀하시는 걸 들어보면 다른 곳에 가게들이 많이 사라졌다고 하더라고요. 그런 영향도 큰 것 같아요.

지금 신삼마을 골목에 가장 필요한 것은 무엇이라고 생각하세요?
비행기만 안 다니면 좋을 것 같네요. 다른 것들은 사람들이 동네에서 살다 보면 어쩔 수 없이 생기는 문제들이라고 생각하거든요. 그런데 비행기는 그런 게 아니니까요. 그런 거 말고는 주차문제가 좀 해결됐으면 좋겠어요. 가게에 잠깐 물건 사러 오시는 분들도 주차를 못하시니까요. 그런 부분들이 해결 되어서 더 많은 손님들이 편하게 물건을 구매하실 수 있으면 좋겠어요.

"기억이 나는 손님은 기분이 좋다고
물건보다 돈을 더 주고 가시는 손님들도 계셨고,
반대로 500원 깎아달라고
화를 내시는 분들도 계시고
다양한 손님들이 기억이 나네요."

양순례

_신월기름집 주인 인터뷰

면 담 자	변혜정
면담대상	양순례
거주이력	신월3동 37년 거주민
거주지주소	-

"줄을 서서 장사를 했었죠"

본인 소개 부탁드립니다.
안녕하세요. 저는 시장에서 기름가게를 하는 양순례입니다. 남편하고 둘이 살고 있어요.

신삼마을에는 언제 이사를 오셨나요?
잘 기억은 안 나는데 84년, 85년 그 정도에 들어온 것 같아요. 등촌동에서 슈퍼를 운영하다가 방앗간을 하려고 이쪽으로 이사를 왔어요. 주변 분들 이야기를 들어보니까 신삼마을이 살기 좋다고들 하시더라고요.

장사를 하신지는 얼마나 되셨나요?
제가 29살에 와서 장사를 시작했는데 지금 65세 이니 거의 40년이 다 되어가죠. 한번은 신월 5동으로 이사 가신지 오래된 손님이 오셨었어요. 그런데 제가 아직도 여기서 장사를 하고 있으니 "정말 장사를 오래하시네요." 그러시더라고요.

처음 들어오셨을 때 신삼마을의 첫 인상이 어떠셨나요?
시골 동네 같은 느낌이었어요. 그때는 건물이 많이 없었으니까요. 인정도 많았던 것 같아요. 먹을 걸 하면 서로 조금씩 나눠서 먹고 그랬어요.

예전에는 노점도 많이 있었나요?
정말 많이 있었어요. 지금 집이 들어서 있는 곳곳에 파라솔 같은 걸 펴놓고 장사를 많이 했었죠. 그때는 장사가 잘 돼서 노점상이 정말 많았어요. 저 위에부터 여기 밑에까지 줄을 서서 장사를 했었죠.

이웃 분들과의 추억도 많으실 것 같아요.
그렇죠. 봄에는 보리밥을 해서 나눠먹었고 비 오는 날에는 다같이 빈대떡도 해 먹었죠. 가을에는 돈을 걷어서 관광버스를 타고 놀러 다녔는데 그럴 때가 정말 좋았던 것 같아요. 주변에 장사하시는 분들과 같이 가서 재미있게 놀았었죠.

장사하시는 분이 결혼을 하시면 밥이랑 국이랑 반찬 몇가지를 해서 다 불러서 먹기도 했고, 누가 집을 사면 다같이 돈을 걷어서 집들이 선물도 사다 주면서 북적북적 하게 지냈어요. 사람 사는 재미가 있었죠. 지금은 두변에 누가 사는지도 모르는, 삭막한 동네가 된 것 같아서 마음이 아파요.

명절에도 이웃 분들과 함께 지내셨다고 하시더라고요?
명절에 야채 같은 것도 서로 가져다 주고 그랬어요. 혼자 명절음식을 하면 힘드니까 같이 가서 재료를 손질해주기도 했고요. 지금은 손가락이 불편해서 못하지만 그때는 정말 많이 도와줬거든요. 명절에 다같이 모여 있는데 혼자 있는 사람들을 보면 정말 안타까웠어요. 그래서 서로서로 돕다 보니 정도 많이 들었죠.

지금의 신삼마을은 어떻게 생각하세요?
지금은 정이 많이 없어졌죠. 다 나이가 많으신 분들만 계시고요. 예전에는 젊은 사람들도 많고 아이들도 많았는데 지금은 거의 없어요. 가게들도 많이 없어졌죠. 여기 근처에 있던 생선 가게도 없어졌잖아요. 원래 그 가게가 명절 때만 되면 줄을 서서 사야 됐거든요. 생선가게 주인 아주머니는 명절만 되면 생선 판 돈을 은행에 부치느라 정신이

INTERVIEW

> "그 때는 장사가 잘 돼서 노점상이 정말 많았어요. 저 위에부터 여기 밑에까지 줄을 서서 장사를 했었죠."

없을 정도였다니까요? 그런데 서서히 사람들이 다른 곳으로 나가기 시작했고 장사가 안되다 보니 결국 가게를 닫게 되신 거죠.

그런 것들이 참 안타까운 것 같아요.
맞아요. 저는 신삼마을에서 오래 산 사람이니까 그런 게 너무 안타까워요. 저는 이 동네에 정도 많이 들었고 너무 좋아서 이사를 가기 싫을 정도거든요. 우리 애들은 장사 그만두기 전에라도 아파트 가서 한 번 살아봐야 된다고, 이사 가자고 그러는데 저는 정말 이사를 가기 싫어요. 아직 신삼마을에는 인정이 있으니까요. 친한 이웃들도 많이 있고요.

친한 이웃 분들은 어떤 분들이 계시나요?
옆에서 같이 장사를 하던 야채 가게 영남 엄마랑 정말 친해요. 이분 남편 분께서 돌아가셔서 장사를 그만두고 동네 주변에 살고 있는데요, 저랑 친하다 보니 저희 집에 자주 놀러 오거든요. 예전부터 같이 장사를 오래 했고, 아이들 크는 것도 같이 보다 보니까 가족보다 더 가족 같죠.

요즘은 그렇게 지내시는 분들이 없으신가요?
없죠. 그래서 너무 아쉬워요. 저는 그래서 과거가 더 좋아요. 과거로 돌아가라면 돌아갈 것 같고요. 과거에 장사도 하고 아이도 키우느라 정말 바빴거든요. 그래도 그때는 힘든 줄도 모르고 재미있게 살았으니까요. 장사하시는 분들이랑은 형제처럼 지냈고요. 그랬던 일들이 너무 그리워요.

신삼마을 골목에 가장 필요한 것이 무엇이라고 생각하세요?
일단 사람들이 많이 들어왔으면 좋겠어요. 젊은 사람들도 동네에 많이 들어오고 아이들도 많이 있고, 가게들도 빈 곳 없이 가득 찼으면 좋겠어요.

마지막으로 하고 싶은 말씀 있으신가요?
옛날에는 시장이 활성화 되어서 사람도 많고 상인도 많고, 주민도 많은 마을이었어요. 신삼마을 주민들이 예전처럼 친척처럼, 이웃사촌처럼 따뜻하게 지냈으면 좋겠습니다.

CHAPTER 6

골목기록가도 / 골목기록가와 함께하며

6.1 류창수 교수
6.2 유아람 교수
6.3 김지훈 팀장
6.4 이명훈 팀장

1

신삼마을 골목기록단과 주민분들께

류창수 교수 _이화여자대학교 건축학과

신월3동의 이야기를 살짝 들여다봤습니다. 집 앞 흙바닥 골목이 바로 아이들 놀이터였고 앞집 뒷집 문 열어 놓고 살며 십 원짜리 국수가 있었던, 이웃 간에 정붙이고 살갑게 살던 때를 그리워하고 계십니다. 지금은 없어진 육교와 도랑, 어느새 메워지고, 어디였는지도 가물가물한 우물자리와 베어나간 공터의 은행나무와 느티나무에 얽힌 신삼마을의 이야기들은 재개발로 인한 집단이주와 아시안게임과 올림픽을 치루느라 잘려나간 동네산과 해외여행자율화로 인해 시도 때도 없이 마을을 삼키는 비행기의 굉음과 상업은행과 한빛은행의 영락(榮落)과 같은 온 국민이 살아온 시대의 서사와 맞물려 있습니다.

도시는 일상의 눈으로 보면 매일 똑같은 모습이지만 지금도 조금씩 변하고 있습니다. 그 변화의 켜가 쌓이면서 과거의 기억들을 덮고 흔적을 지워 나갑니다. 우리는 그 변화를 당연시하면서도 동시에 잊혀진 마을의 모습과 기억들을 그리워하는 이율배반의 존재들입니다. 하지만 그동안 잊혀진 기억과 서사를 끄집어내고 서로 공유하는 것은 현재를 자리매김하고 함께 새로운 변화를 꿈꾸기 위해 가장 먼저 해야 할 일이란 생각이 듭니다.

도시재생사업을 하면서 주민분들이 모이고 지금껏 해보지 않던 동네 일을 함께 하면서 크고 작은 다툼과 반목은 어느 곳에서나 있습니다. 수십 년간 한 이불 덮고 살아온 부부간에도 싸우고 지극정성을 다해서 키워온 자식들도 속 썩이는 경우가 허다한데 어떻게 모든 주민이 한마음같이 똑같을 수가 있겠습니까? 주민분들이 동네를 위하는 같은 그림을 그리더라도 방법과 일의 우선순위에서는 다른 목소리가 나올 것입니다.

내가 생각하는 가장 중요하고 시급한 일이 누군가에게는 덜 중요한 일일 수도 있고 현실적인 그림으로 그려지지 않는 경우도 있겠습니다. 심지어 같은 목표와 방법을 이야기하면서도 의미가 잘못 전달된 말 한마디 때문에 오해도 생기고 서로 반목하는 경우도 생기겠지요. 잘못하면 괜히 좋은 뜻으로 참여했다가 사소한 갈등이 커져서 함께 살아가는 동네에서 불편한 관계가 되기도 합니다.

OPINION

저는 여섯 분의 골목기록가가 전해주신 동네 주민분들이 살아오신 이야기와 도시재생에 대한 기대야말로 현재 신삼마을을 살아가시는 현재의 주민들을 묶어주는 끈이 되고 서로에 대한 이해의 출발선이 될 것이라 생각합니다.

30년 전에 아버지가 손수 올리신 2층집을 자랑스러워하시고, 그 소중한 기억과 함께 신삼마을을 살아가시는 주민분이 들려주신 동네에 대한 애착이야말로 새로운 일을 함께 도모하는 동안 생길 사소한 다름을 서로 이해하고, 다름에도 불구하고 지치지 않고 마을을 위한 공동선을 함께 찾아가는 여정을 위한 든든한 밑거름이 되리라 믿습니다.

주민분들이 들려주신 도시재생사업으로 기대하는 동네의 모습은 남녀노소 모두가 편하고 안전하고 즐거운 동네입니다. 자녀들을 키우시는 분들은 아이들의 안전한 놀이터와 돌봄공간을 먼저 생각하시고 연세가 많으신 어르신들은 어르신 쉼터가 생기길 기대하시고 가게를 하시는 분들은 상권활성화를 손꼽으시고 청년들은 또래들이 많이 유입될 수 있는 시설과 환경을 기대합니다. 그리고 많은 분들이 도시재생사업을 하는 모든 지역에서 원하시는 주차문제와 쓰레기문제의 해결을 기대하고 계십니다.

그런데 저는 도시재생사업이 이러한 모든 기대치를 다 충족시킬 수 있을까란 걱정이 앞섭니다. 어느 것 하나도 쉽게 포기할 수 없는 마을의 현안들이지만 주민들이 요구하는대로 신삼마을의 현안들이 마중물사업만으로 완전히 해결될 것이라고 기대하지는 마시길 바랍니다.

도시재생사업은 주민들의 요구와 기대만으로는 실현되지 않는 사업입니다. 실행의 과정에서 온갖 행정의 절차와 지난한 이해관계의 조정이 필요하고 생각지도 못한 돌발적인 이슈들이 튀어나올 것입니다. 이러한 실행과정에서 노정되는 어려움을 행정과 현장지원센터만이 오롯이 감당해야 할 일이라 생각지 마시고 함께 해결하기 위해 주민과 행정, 전문가가 함께 머리를 맞대고 해결책과 대안을 찾을 때 도시재생의 기대치와 결과치의 간극은 줄어들 것입니다.

신삼마을을 살아가시는 주민분들이 지금 들려주신 골목이야기를 시작으로 마을에 대한 자긍심과 함께 앞으로의 변화들을 이웃과 함께 차곡차곡 준비해 나가시길 빌며 도시재생사업이 즐거운 참여의 과정이 되시길 기원합니다.

OPINION

2
건축과 도시로 연결되는 우리의 시간

유아람 교수 _금오공과대학교 건축학과

1. 오랜 역사의 도시, 발밑의 시간

"사물은 세계를 모은다.(A thing gathers world)"

-Martin Heidegger

역사는 객관적이지 않다. <누군가에 의해서 쓰인 기록의 모음>이라 부를 수 있는, 인류의 시간 파편들을 임의적으로 모은 것이 역사이다. 그래서 혹자는 우리가 아는 역사를 '승자의 기록'이라 부르기도 한다. 그렇다면 우리는 "위대한 사람들"이 남긴 기록만 볼 수 있는걸까. 다른 수많은 이들의 일상과 기억은 사라진 것일까.

세계의 수많은 도시에는 남아있는 역사가 있다. 많은 이들이 여행을 다니면서 웅장하고 화려한, 살아남은 '승자의 기록'을 올려다보고 감탄한다. 하지만 필자는 위가 아니라 아래를 보기 좋아한다. 그곳에는 "일상을 살아간 사람들"이 남긴 기록이 남아있다. 바로 바닥에 깔려있는 돌이다. 그깟 돌이 무슨 기록이냐고 말할지도 모르겠다. 하지만 바닥에 있는 돌은 꽤나 오랜 시간 그곳에 남아 역사의 장면들을 보고 있었다. 어쩌면 역사서에 기록되어 있는 것보다 더 많은 진실을 그 돌은 알고 있을 것이다. 프라하 광장의 포석(paving stone)은 <프라하의 봄>을 지켜보았을 것이고, 뉴욕의 콘크리트 바닥은 마천루가 올라가는 모습을 보았을 것이다. 타이베이의 블록은 무더운 날씨 속 울창한 나무들이 대만 특유의 도시 경관을 이루는 장면을 기억하고, 구미 길거리의 보도블록은 공단개발과 산업발전을 보았는지도 모른다.

그 돌을 놓은 것은 위대하지 않은 어느 누군가였고, 그 돌 위를 걷고 지금처럼 무디게 만든 것 또한 이름이 알려지지 않은 수많은 이들의 발자국이다. 그렇게 우리가 주목하는 순간, 보잘 것 없다 느끼던 그 사물은 세계를 모으기 시작한다.

체코프라하

미국뉴욕맨하탄

대만타이페이

대한민국구미

2. 우리들의 마을, 손에 닿는 시간

"논리라는 것은 확고부동하지만,
살아가길 원하는 인간 앞에서는 무너지기 마련이다."

-Franz Kafka, The Triel

우리 주변의 사물에는 우리의 삶과 기억이 깃든다. 그 현상에 대해 철학자 마틴 하이데거는 사물이 세계를 모은다 하였고, 그 세계는 시간을 포함한다. 우리가 쉬이 물건을 버리지 못하는 것도 그 때문이다. 낡고 보잘 것 없더라도, 누군가에게는 소중한 물건이 있다. 새 물건에는 없는, 때 묻고 허름하고 쓰다만 흔적이 그 때를, 나를, 세계를 기억하게 한다. 그것이 물(物)로 전해지는 이야기이다. 그렇기에 (누군가 지어준 것을 사서 수십 년간 손자국 하나 안내고 살았던 것이 아니라면) 우리가 살면서 이루어진 내 동네의 길, 뒤녘, 골목, 그리고 집들은 우리의 세계, 우리의 시간이 담겨있다. 거주자의 삶은 그들을 둘러싸고 있는 환경에 깃들어 있다.
그런 이유로, 우리는 마을 기록화 작업을 할 때, 반드시 역사와 건축/도시를 함께 다루어야한다.
많은 사람들이 역사를 이야기하면 나와 무관한 다른 세상 이야기처럼 듣거나 머리 아파한다. 건축이나 도시도 마찬가지이다. 그것은 전문가의 영역이고 구술사와 별개의 것처럼 인식된다.
그러나 역사와 건축/도시 전문가들이 갖고 있는 논리와 지식은 거주자 앞에서 보잘것없다. 그 지역에서 매일을 살아가고 있는 이들보다 애착을 갖고 역사를 읽을 수 없으며, 건축과 도시를 바라볼 수 없다. 살아가는 사람들은 역사가 자신들에게 연결됨을 본능적으로 알고, 그것을 다음 세대로 넘겨줄 것이다. 또 지역의 건축물과 도시의 모습이 만들어짐을 알고 어떻게 이어갈지 결정할 사람들이다. 이는 논리와 지식의 범주 저 너머에 있다. 거주자가 말하는 역사와 건축/도시는 사람들의 마음을 울린다.

마을의 역사라는 것은 그리 먼 이야기가 아니다. 서울 사대문 안의 경우, 조선시대 혹은 그 이전까지 거슬러 올라가겠지만, 그 밖 서울의 지역사(地域史)는 불과 100년 전의 일이다. 한 세기가 채 되지 않는 가까운 역사는 멀어야 우리의 할아버지들이 왕성하게 활동하시던 때이다. 마치 내비게이션이 없을 때 조수석에서 지도를 펼쳐 길을 찾던 이야기와 같고, 핸드폰이 없을 때 줄서서 공중전화 차례를 기다리고 메모를 남기던 이야기와 같다. 이러한 이야기를 할 때 우리가 미소를 지으며 즐겁게 떠들 수 있는 것처럼, 마을의 역사도 조금 오래된, 우리 할아버지들이 살던 이야기이다. 지역의 역사는 오늘날 우리의 생활에서 불리는 지명과 땅의 모양을 결정했다. 서울의 많은 도로명과 지역명은 조상들에게서 구전되어오던 명칭과 일제강점기 시절 관할구역 및 도로재편에서 비롯되었다. 특히 구전되어 오던 명칭은 역사적 인물과 사건에 기인하기도 하지만, 많은 곳이 지역의 자연환경, 특징, 특산물 등 일상생활과 밀접한 관계가 있다. 이처럼 우리가 걷는 길과 부르는 지역의 이름은 역사 속에서 만들어졌다. 그렇기에 우리의 도시, 마을, 동네의 이야기에서 역사는 중요하다.

마을 기록화에서 역사와 건축/도시를 다루는 것은 남길 이야기와 시간이 담기는 그릇을 빚는 일이다. 역사를 이야기하지 않는다면 마을의 신화(神話)가 되지 못한 야사(野史)에 그칠 것이고, 건축/도시를 이야기하지 않는다면 실체가 없는 풍문(風聞)으로 남을 것이다. 손에 닿는 시간을 마을의 역사로 남기는 일이 바로 마을 기록화이다.

3. 내 손으로 이어가는 이야기

"단어의 진정한 의미에서 장소(place)라는 것은 삶이 일어나는 공간을 의미한다. 즉 장소는 특별한 성격을 가지고 있는 공간이다. 고대 이래로, 장소의 혼(genius loci)이라는 것은 매일의 일상생활을 통하여 접하고 관계하는 구체화된 실체로서 인지되어 왔다. 건축은 장소의 혼 또는 장소의 정신(spirit of place)이 가시화 된 것을 의미한다."

- Christian Norberg-Schulz

마을 기록화 작업은 지금의 역사를 만드는 일이다. 단순한 책을 만들어내는 것이 아니라, 살고 있는 사람의 눈과 귀, 손과 발로 만들어내는 기록이다. 이는 사람들의 삶이 놓이는 마을이라는 장소에 대한 이야기이고, 그 곳의 정신을 발굴하여 정체성을 확립하는 일이다.

무엇보다 큰 의미는 다른 사람이 써준 이야기가 아니라, 거주하는 내가 쓰는 이야기라는데 있다. 매일을 보내는 내 방, 내 집, 내 골목, 내 길, 내 동네가 기록될 것이고, 그 속에서 나의 이야기가 놓일 것이다. 이것은 "누군가에 의해서 쓰인 기록의 모음"도 아니고, "승자의 역사"도 아니며, "위대한 사람들"이 독점하는 것도 아니다. 거주민들 모두의 기록이고, 모두의 일상과 노력으로 만들어지는 역사이다. 내 손으로 쓰는 내 마을의 역사이다. 그렇기에 그 어떤 지역사보다 진실하다.

아마도 이어지는 세대가 마을 기록화를 바라본다면, 이것 또한 역사라 할 것이다. 과거와 연결되는 시간과 공간의 이야기가 있기 때문이다. 그리고 마을 기록화는 소수에 의해 쓰인 역사와 함께 놓이게 될 것이다. 이 둘은 거시사(巨視史)와 미시사(微視史)로, 또 국가사와 지역사로 좋은 상호 보완을 이루게 될 것이다. 한 가지 확실한 것은, 그 누구보다 마을에 대해 잘 아는 사람들이 남긴 역사가 전해진다는 사실이다.

3

도시재생사업 계획부터 실행까지 "과정의 기록"이 필요하다.

김지훈 팀장 _서울특별시 도시재생지원센터 사업운영팀

도시재생사업은 무엇인가?

도시재생사업은 과정이 중요한 사업이다. 단순히 물리적 환경개선만 하는 것도, 공동체 활성화만 하는 것도 아니다. 인구감소, 산업구조 변화, 물리적 환경 노후화 등으로 쇠퇴한 지역에 새로운 기능을 주고, 이러한 새로운 기능을 그 지역만의 자원들과 연결하여 물리적·환경적·사회적·경제적 활성화를 할 수 있는 기반을 만드는 것이다.

왜 기반을 만드는 것이냐고 묻는다면, 우리는 아직 공공의 예산으로 도시재생사업을 진행하고 있기 때문이다. 그래서 우리는 도시재생사업을 마중물 사업이라고도 말한다. 그리고 우리는 마중물 사업 동안 이 사업이 끝나도 우리 스스로 마을 재생을 진행할 수 있는 아이템이 무엇일지 발굴하고, 이것이 지속가능하게 성장할 수 있도록 준비하는 것이 필요하다.

도시재생사업에서 기록은 무엇인가?

도시재생사업에서 기록은 "과정의 기록"이다. 단순히 도시재생사업 하나의 단위사업으로 기록화를 해야 하니깐, 다른 지역도 하니깐 하는 것이 기록화가 아니다. 사업 진행 과정을 기록하고, 그 기록들이 자료가 되어 사업지역의 아카이브로 연결되게 만드는 것이다. 그리고 마을에서 공공의 지원을 받아서 진행된 도시재생사업에 대한 정확한 결과들을 가질 수 있게 하는 것이다. 그 결과들은 지속가능한 마을 재생을 위한 방향과 내용을 만드는 매우 중요한 기초가 될 것이다.

서울형 도시재생사업 단계별 "과정의 기록"은 무엇이라고 말할 수 있나?

서울형 도시재생사업은 계획과 실행단계로 구분된다. 계획단계는 지역 자원조사, 현안 과제 도출, 단위사업 발굴 등의 과정을 주민과 함께 진행하면서 계획을 수립하는 것이 목표다. 이것을 다르게 이야기하면, 최대한 많은 주민이 주체가 되어 사업계획 과정에 참여하여 그들이 원하는 마중물 사업을 만들자는 것이다.

여기서 "과정의 기록"은 주민들이 원하는 모든 것들이 마중물 사업으로 만들어지지 못하기 때문에 필요하다. 공공에서 지원하는 정해진 예산 내에서 주민들이 필요한 사업이 마을에서 얼마나 필요한지, 그것이 타당한지 등을 전문가들과 함께 검토하고 결과를 만들기 때문에 주민들이 원하는 모든 것들을 사업으로 만들 수는 없다. 그래서 더욱더 계획단계에서 "과정의 기록"은 많은 주민이 원했던 사업들이 어떻게 논의돼서 만들진 것이며, 그들 중 사업계획으로 못 담은 것들은 왜 그랬는지 등의 내용을 담아두는 것이다. 그리고 이러한 자료들이 향후 마을에서 진행될 다른 사업에서 유용하게 사용될 수 있도록 아카이브 하는 것이다.

실행단계는 마중물사업이 실행되면서 주민들이 사업의 주체로 참여할 수 있도록 연계사업 등을 발굴하여 주민참여가 더욱더 체감도 있게 만드는 것을 목표로 한다. 그리고 이러한 실행단계에서 "과정의 기록"은 사업실행 과정에서 논의되는 모든 것들이다. 모든 것들이라는 의미는 단순히 사업 과정과 성과를 말하는 것이 아니라, 그 과정에서 발생한 민원, 갈등까지 다 포함하는 것이다. 그래야 이 "과정의 기록"을 통해서 하나의 사업을 하더라도 어떤 과정에서 발생한 갈등이 어떻게 조정되면서 사업이 진행되고, 그 결과 만들어졌는지 알게 된다.

결과적으로 계획과 실행단계에서 구축된 "과정의 기록"은 마중물사업이 종료된 후 마을에서 진행될 유사한 사업들을 대상으로 사업 과정에서 발생할 수 있는 여러 상황을 시나리오로 만들고 시행착오를 줄여줄 수 있게 해줄 것이다. 그래서, 도시재생사업 "과정의 기록"은 마을에서는 매우 필요한 아카이브가 될 것이다.

도시재생사업 단계별 "과정의 기록" 방향

도시재생사업 "과정의 기록"의 의미는?

도시재생사업은 상향식(Bottom-up)으로 진행되는 사업이다. 이것은 지난 7년 동안 도시재생사업이 폭넓은 의견수렴과 주민참여를 통해서 사업을 진행하는 방식을 성장시켜왔다는 것을 말한다. 다시 말하면 도시재생사업이 단순히 사업 기간이 종료되면 끝나는 사업이 아니라는 것, 이 사업을 마중물로 마을에서는 지속가능한 유사 사업을 꾸준히 연계해야 한다는 것을 알게 된 것이다. 그리고 이러한 특징을 가진 도시재생사업에서 진행되는 기록화는 도시재생사업 계획부터 실행까지 모든 과정을 기록하고, 그 기록이 자료가 돼서 마을을 활성화하는 데 매우 중요한 아카이브가 되어야 한다는 것도 알아가고 있다. 도시재생사업 "과정의 기록"은 한번 하고 끝나는 것이 아니며, 보여주고 싶은 과정과 성과만 보여주는 것이 아니다. 사업과 관련된 모든 사실이 들어가서 마을에서 지속가능한 사업을 꾸준히 만들 수 있는 방향과 내용을 잡아 줄 수 있는 것이다.

4

도시재생기업(CRC) 역할과 4가지 특징

이명훈 팀장 _서울특별시 도시재생지원센터 재생사업실

마중물의 슬기로움

마중물이란 펌프의 물을 끌어 올리기 위해 위에서 붓는 물이다. 말 그대로 땅속에서 올라올 물을 마중하러 가는 물을 의미한다. 펌프에 마중물을 넣지 않으면 땅속에 있는 물을 끌어 올릴 수 없다. 마중물이 없으면 우리는 시원하고 소중한 물을 사용할 수 없으므로 마중물의 역할은 매우 중요하다.

집중적으로 재원이 투입되는 도시재생활성화사업을 흔히들 마중물 사업이라고 부른다. 마중물 사업을 통해 지역의 물리적 환경이 변하고, 지역의 일자리 생겨나며, 지역경제가 활성화되고, 주민들의 교류도 활발히 이루어지기를 바라기 때문이다.

마중물 사업인 도시재생활성화사업은 유형에 따라 짧게는 3년 길게는 5년 동안 추진된다. 마중물 사업이 추진되는 동안 지역의 주민들은 참여를 배우고, 함께 계획을 수립하며, 지역의 발전 방향을 고민한다. 마중물 사업 기간을 슬기롭게 보내느냐의 여부에 따라 지속 가능한 도시재생의 성패도 좌우된다.

마중물 이후의 도시재생기업(CRC)

도시재생사업은 기존의 도시관리사업과는 다른 방식으로 추진된 사업이다. 도시재생사업은 주민이 참여하고, 부처 간 협업하며, 민관 협력에 의해 만들어지는 지역특화 사업이다. 기존 사업과의 가장 명료한 차이는 주민의 참여에 기반을 둔다는 것이다.

마중물 사업기간 동안 역량이 강화된 지역주민들과 마중물 사업 종료 이후에도 지속적으로 지역을 관리·운영할 주체의 필요성이 맞물려 도시재생기업(CRC)이 태동하게 되었다.

도시재생기업(CRC)은 주민참여 사업으로 추진된 도시재생을 정착시키고 지속해 나갈 조직으로 마중물 사업기간 동안 역량이 강화된 지역주민에 의해 지역이 유지·관리되는 것을 목표로 한다.

도시재생기업(Community Regeneration Corporation)이란?
도시재생사업지역 내 발생하는 다양한 지역 의제를 지역의 자원과 결합·활용하여, 사업 모델로 풀어내고 지속 가능한 도시재생을 추구하는 지역 중심의 기업을 말한다.

도시재생기업(CRC)의 법적 근거

도시재생사업의 종료와 도시재생 현장지원센터의 일몰과 맞물려 전국의 많은 도시재생사업 지역에서는 지속 가능한 도시재생을 목표로 도시재생기업(CRC), 마을관리 협동조합과 같은 다양한 실험과 사업을 추진하고 있다.

도시재생기업(CRC)에 관한 내용과 정의는 생경한 것이 아니다. 이미 지역관리회사, 지역재생회사, 마을기업 등 그동안 지속 가능한 도시재생을 위한 방안과 사업들이 다양하게 논의되었다. 그 의미와 정의는 도시재생 특별법 제2조9항 '마을기업'에서 기인한다.

도시재생활성화 및 지원에 관한 특별법 제2조9항
'마을기업'이란 지역주민 또는 단체가 해당 지역의 인력, 향토, 문화, 자연자원 등 각종 자원을 활용하여 생활환경을 개선하고 지역공동체를 활성화하며 소득 및 일자리를 창출하기 위하여 운영하는 기업을 말한다.

도시재생기업(CRC)의 역할과 4가지 특징

도시재생사업 지역이 갖추고 있는 주민역량과 소유하고 있는 인적·물적 자원이 모두 달라서 도시재생기업(CRC)이 수행해야 할 역할을 명확히 규정하기는 어렵지만, 몇 가지 공통된 역할을 꼽을 수 있다.

첫째. 도시재생기업(CRC)은 지역의 자원·자산·자본을 활용하여 지역재생에 이바지할 수 있는 다양한 활동과 사업을 추진해야 한다.
둘째, 도시재생활성화사업을 통해 드러난 지역의 결핍 요소와 니즈를 분석해 지역사회가 필요로 하는 의제를 사업화하여 해결하는 역할을 해야 한다.
셋째, 수익사업을 통한 일자리 창출과 기금 조성을 통해 지속적인 지역 재생사업을 추진해야 한다.

도시재생기업(CRC)은 4가지 특징적 요소를 가지고 있다.

첫 번째 요소는 지역성이다. 도시재생기업(CRC)은 재생사업 지역을 중심으로 기업이 설립·운영되어야 한다. 또한, 지역 연계성을 내포하고 있으므로 도시재생기업(CRC)의 사업모델이 재생사업의 사업계획과 연관성이 있는지, 지역 특성과 지역 의제를 고려한 사업인지도 중요하다.

두 번째 요소는 공공성이다. 도시재생기업(CRC)이 한두 사람의 의사결정 구조가 아닌, 다양한 이해관계자로 구성된 운영위원회가 민주적 의사결정 구조를 가지고 운영하는지도 중요하다. 또한, 발생하는 이윤의 일정 비율을 다시 지역사회에 환원하는 등 공공의 이익과 가치 실현을 위해 기여 하는 것도 공공성의 주요 요소다.

세 번째 요소는 지속가능성이다. 도시재생기업(CRC) 구성원들이 보유한 기술력, 전문성 보유 여부에 따른 사업실행 역량이 확보되어 있는지 판단한다. 또한, 사업추진을 위한 목표·방향·계획의 구체성 및 타당성, 사업경쟁력 확보를 위한 사업모델의 수익 창출 구조 등 중장기적인 계획 방향도 중요하다.

네 번째 요소는 거버넌스다. 도시재생기업(CRC)은 지역을 기반으로 사업을 추진하기 때문에 사업의 발굴·실행·확장을 위한 지역 내 관계부서의 협의 및 협력 지원이 무엇보다 중요하다.

서울 도시재생기업(CRC) 특징 및 자격요건
출처 : 2020 서울 도시재생기업(CRC) 종합지원 시행지침

도시재생기업(CRC) 시장형성이 중요

도시재생기업(CRC)은 어렵고 힘들다. 지역의 역량과 상황과 요건이 모두 다르기 때문에, 모든 도시재생사업 지역에서 도시재생기업(CRC)이 생겨날 수 없음을 인정해야 한다.
도시재생기업(CRC)이 추진하는 사업은 대다수 준공공영역에 해당하는 사업이다. 준공공영역의 사업을 추진하며 수익을 내고 지속적으로 지역관리사업을 한다는 것은 결코 쉬운 일이 아님을 먼저 인지해야 한다. 따라서 무엇보다 중요한 건 도시재생기업(CRC)이 살아남을 수 있는 시장과 요건을 만들어 주는 것이다.

도시재생기업의 지속가능성 확보와 자립을 위해서 아직 갖춰야 할 것도 개척해나가야 할 것도 많다. 쉬운 일은 아니지만 지역에 꼭 필요한 일이다. 누구도 도전해보지 않은 CRC 길을 힘께 만들어 가자.

CHAPTER 7

에필로그

Epilogue

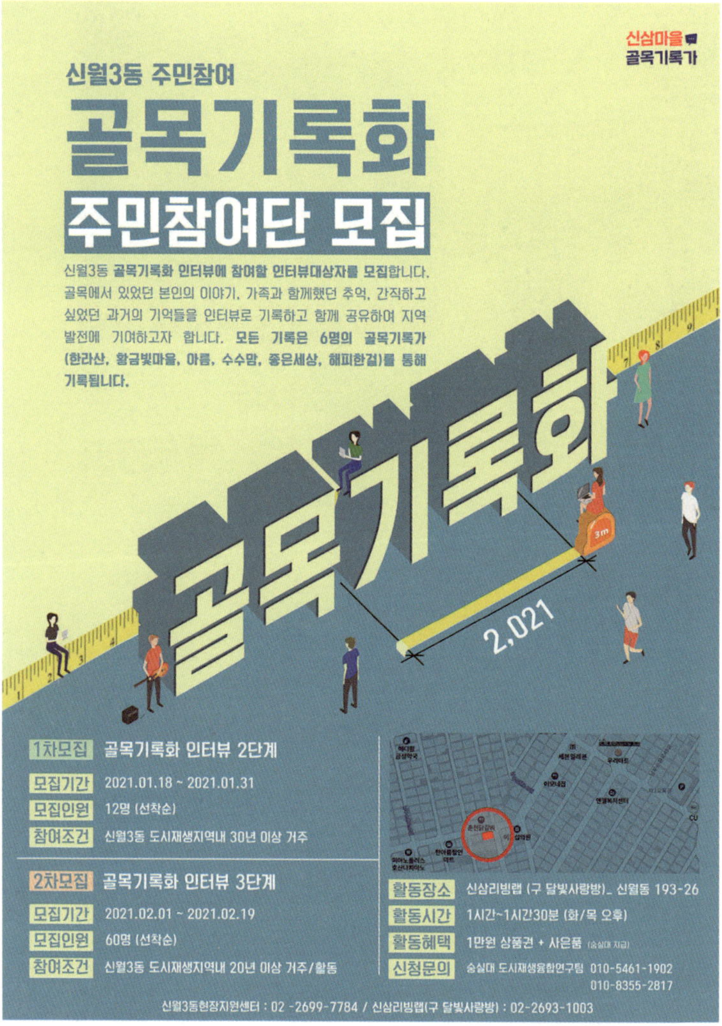

Epilogue

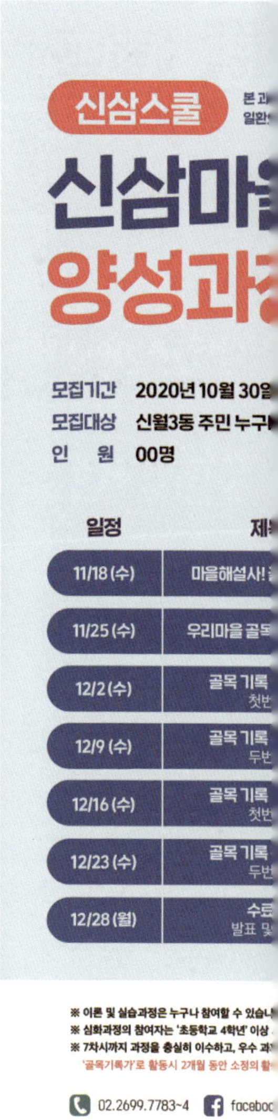

현장지원센터

록화 리빙랩 운영을 위한 '골목길 기록가' 양성과정으로
실대 도시재생융합연구팀의 지원을 받아 진행됩니다.

목기록가
집

기 간	11월 ~ 12월, 오후 1시 ~ 3시
문 의	산월3동 도시재생현장지원센터
	02.2699.7783

이론

실습

심화

숭실대학교 기록화 연구의 '골목기록가'로 활동하실 수 있습니다.
~ 2021.2, 2개월]

cafe.naver.com/sw3cc '산월3동 도시재생' 검색

Epilogue

Epilogue

Epilogue

Epilogue

Epilogue

Epilogue

Epilogue

Epilogue

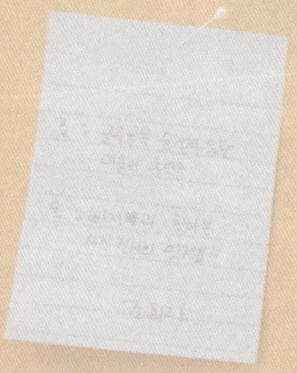

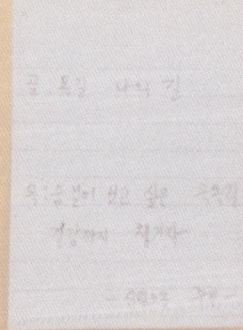

Epilogue

발 행 일	|	2021년 12월 31일
발 행 인	|	유 해 연 (숭실대학교 건축학부 교수)
기 획	|	숭실대학교 도시재생연구팀
디 자 인	|	하 영 진 (더레드)
보 고 서 출판등록	|	(주)스파이더네트웍스 서울특별시 강남구 압구정로18길, 1층(신사동, 한국산업양행빌딩)
등 록	|	제 2022-000006호 chanwoo44@naver.com
인 쇄	|	스파이더네트웍스
가 격	|	30,000원

ISBN 979-11-977451-0-2

※ 이 책은 저작권법에 보호받은 저작물이므로 무단전제와 무단 복재를 금지하며,
  이 책 내용의 전부 또는 일부를 이용하려면 반드시 저작권자의 서면동의를 받아야 합니다.